国家中等职业教育改革发展示范学校重点建设专业精品课程教材

三维动画制作企业案例教程
——Photoshop 图像处理

主　编　周林娥

副主编　孙艳蕾　耿　菲

参　编　李　典　赵翰闻

　　　　梁　娜　赵媛媛

U0349729

机 械 工 业 出 版 社

本书中很多项目范例是以北京若森数字科技有限公司制作的《侠岚》动画中的人物和场景为素材进行设计制作的,如图片晾晒效果、信封、光盘、杂志内页设计、画册、石头人、海报等,这些范例具有很强的实战性和参考性。通过经典项目的讲解,详细透彻地剖析了 Photoshop 图像处理技术。

　　本书分为基础篇和实战篇两部分,共 10 个项目。项目 1 和项目 2 属于基础篇,分别为制作图片晾晒效果、制作信封,系统地介绍了 Photoshop 图像处理的基本操作。项目 3~项目 10 属于实战篇,分别为制作《侠岚》光盘效果、制作辗迟杂志内页、制作《侠岚》画册、制作 3D 立体文字效果、制作水墨莲花、制作石头人效果、制作《侠岚》海报、制作《侠岚》宣传单页。

　　本书可作为各类职业学校计算机及相关专业的教材,也可作为平面设计爱好者的自学用书。

　　本书配有素材资源,可登录机械工业出版社教材服务网(www.cmpedu.com)以教师身份免费注册下载或联系编辑(010-88379197)咨询。

图书在版编目(CIP)数据

　　三维动画制作企业案例教程.Photoshop 图像处理 /
周林娥主编.—北京:机械工业出版社,2013.9
　　国家中等职业教育改革发展示范学校重点建设专业精品课程教材
　　ISBN 978-7-111-43827-4

　　Ⅰ.①三… Ⅱ.①周… Ⅲ.①三维—动画—图像处理软件—中等专业学校—教材 Ⅳ.①TP391.41

　　中国版本图书馆 CIP 数据核字(2013)第 201881 号

机械工业出版社(北京市百万庄大街 22 号　邮政编码 100037)
策划编辑:梁　伟　　责任编辑:李绍坤　王晓艳
封面设计:赵颖喆　　责任印制:刘　岚
责任校对:李　丹
北京圣夫亚美印刷有限公司印刷
2015 年 1 月第 1 版第 1 次印刷
184mm×260mm・15 印张・363 千字
0001-1000 册
标准书号:ISBN 978-7-111-43827-4
定价:35.00 元
凡购本书,如有缺页、倒页、脱页,由本社发行部调换

电话服务　　　　　　　　　　　　　网络服务

服务咨询热线:(010)88379833　　机工官网:http://www.cmpbook.com

读者购书热线:(010)88379649　　机工官博:http://weibo.com/cmp1952

　　　　　　　　　　　　　　　　　教育服务网:http://www.cmpedu.com

封面无防伪标均为盗版　　　　　金书网:http://www.golden-book.com

国家中等职业教育改革发展示范学校重点建设专业
——数字影像技术专业
精品课程教材编写委员会

主　任：段福生

副主任：郑艳秋　庞大龙

委　员：朱厚峰　周林娥　赵　东　姜　丽　滕文学　王　璐

　　　　姚　明　耿　菲　司　帅　张　凯　鲁　琪　牟亚舒

　　　　门　跃　韩东润　张春丽　李　娜　王　然　许雅茜

　　　　孙艳蕾　王飞跃　刘婷婷　李　典　苏　潇　魏　婷

　　　　赵翰闻　肖　进　纪晓远　宋志坤　田群山　李　颖

　　　　陶　金　张振华　梁　娜　张学亮　吴　洁　赵媛媛

　　　　李红艳　贾丽辉　贾　帅

前　言

　　图像处理是影视动漫制作流程中的重要环节，贯穿整个影视动漫制作流程。应用 Photoshop 软件绘制前期设计稿，制作和处理前期设计氛围图，处理中期三维材质贴图，对后期单帧图像进行效果添加。学习 Photoshop 图像处理，需要读者具有一定的美术基础，也需要一定的审美素养，既有平面思维又有三维概念。

　　本书主要针对 Photoshop 软件工具的应用，运用 Photoshop 软件处理和合成图像。主要包含图像编辑、图像合成、校色调色、特效制作等功能，用来绘图、图片优化、图像创意、平面设计和视觉创意等制作效果。

　　本书比较注重通过丰富的项目范例来帮助读者更好地学习和理解 Photoshop 软件的各种功能，同时对各个项目范例相关的命令和参数有详细的讲解，方便读者快速进入操作流程和深入理解学习内容。

　　每个项目范例的教学过程被划分为 6 个部分，即项目描述、项目分析、知识准备、项目实施、项目小结和实践演练。读者在学习过程中可以通过项目描述来了解整个项目设置背景；通过项目分析梳理项目实施需要的技能支撑；通过知识准备来学习储备项目实施所需的知识点和技能点；再通过项目实施部分，增进对知识点的深入理解与应用。通过这种方式来熟练掌握 Photoshop 软件的使用方法，以便读者在日后的工作学习中灵活运用。

　　本书由周林娥任主编，孙艳蕾、耿菲任副主编，参加编写的还有李典、赵翰闻、梁娜和赵媛媛。本书在编写过程中得到北京若森数字科技有限公司的大力协助，在此，向其表示感谢。

　　由于编写时间仓促，错误和疏漏之处在所难免，恳请广大读者批评指正。

编　者

目　录

基础篇

项目 1 制作图片晾晒效果

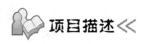 **项目描述** ≪

　　本项目以《侠岚》故事中 Q 版人物卡通形象展示为内容，通过 Photoshop 软件中的滤镜工具使得原本普通的图片增加动感。使用 Photoshop 软件将 Q 版人物形象，处理成组合在一起的照片效果，用晒衣服的小夹子将这些图片组合在一起，通过旋转倾斜，调整照片大小，使得 Q 版的人物形象组合得以展示，并且画面充满了童趣效果如图 1-1 所示。

图 1-1

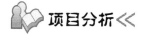 **项目分析** ≪

　　本项目主要包括以下技术要点。

　　1）矢量图和位图的概念和区别。讲解矢量图和位图的定义及其区别。

　　2）分辨率与图像的关系。分辨率至关重要，分辨率和图像的关系联系紧密。

　　3）新建文件并打开素材图片。使用<Ctrl+N>组合键建立新的文件，使用<Ctrl+O>组合键打开素材。

　　4）制作背景。通过动感模糊滤镜工具将普通图片处理成具有一定空间感的模糊效果。

　　5）导入并调整素材。将要展示的 Q 版人物形象提取并应用到目标项目文件中。

　　6）对图像执行描边命令。将提取的 Q 版人物形象添加描边效果。

　　本项目的制作分为以下 6 个任务来逐步完成。

任务 1	掌握矢量图和位图的概念和区别
任务 2	掌握分辨率与图像的关系
任务 3	新建文件并打开素材图片
任务 4	制作背景
任务 5	导入并调整素材
任务 6	对图像执行描边命令

项目教学及实施建议：18 学时。

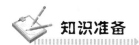
知识准备

1）新建文件的方法：在 Photoshop 主菜单中选择"文件"→"新建"命令或者按<Ctrl+N>组合键。

2）图像大小的调整、自由变换工具的使用：在 Photoshop 主菜单中选择"编辑"→"自由变换"命令或者按<Ctrl+T>组合键。

3）对图像描边的方法：在 Photoshop 主菜单中选择"编辑"→"描边"命令。

4）动感模糊滤镜的应用方法：在 Photoshop 主菜单中选择"滤镜"→"模糊"→"动感模糊"命令。

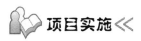
项目实施《

任务1 掌握矢量图和位图的概念和区别

1. 矢量图

矢量图使用线段和曲线描述图像，所以称为矢量图。同时图形也包含了色彩和位置信息。例如，绘制一片树叶，就是利用大量的点连接成曲线来描述树叶的轮廓线，然后根据轮廓线，在图像内部填充一定的色彩。

当进行矢量图形的编辑时，是描述图形形状的线和曲线的属性，这些属性将被记录下来。对矢量图形的操作，如移动、重新定义尺寸、重新定义形状，或者改变矢量图形的色彩，都不会改变矢量图形的显示品质。也可以通过矢量对象的交叠，使得图形的某一部分被隐藏，或者改变对象的透明度。矢量图形是"分辨率独立"的，这就是说，当显示或输出图像时，图像的品质不受设备的分辨率影响。

图 1-2 是放大后的矢量图形，可以看到图像的品质没有受到影响。

图 1-2

2. 位图

位图使用像素的单位小点来描述图像。计算机屏幕其实就是一张包含大量像素点的网格。在位图中，图像将由每一个网格中的像素点的位置和色彩值来决定。每一点的色彩是固定的，当我们在更高分辨率下观看图像时，每一个小点看上去就像是一个个马赛克色块，如图 1-3 所示。

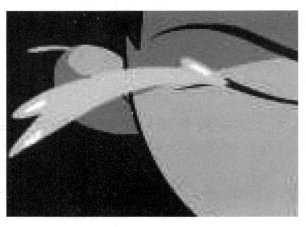

图 1-3

在进行位图编辑时，其实是在定义图像中的所有像素点的信息，而不像矢量图只需要定义图形的轮廓线段和曲线。因为一定尺寸的位图图像是在一定分辨率下被记录下来的，因此，这些位图图像的品质是和图像生成时采用的分辨率密切相关的。

3. 矢量图与位图最简单的区别

矢量图可以无限放大，而且不会失真。而位图不能，位图放大到一定程度就会出现类似马赛克的情况。

任务 2 掌握分辨率与图像的关系

1. 图像分辨率的概念

图像分辨率指图像中存储的信息量。分辨率有多种衡量方法，最典型的是以每英寸的像素数来衡量，也可以采用每厘米的像素数来衡量。

Photoshop 是位图处理软件，以像素为单位，像素非常小，为正方形，每个像素只能有一种颜色。图像分辨率用 ppi 表示，即像素/英寸。像素大小是位图高和宽方向上像素的总量。

2. 分辨率与图像的关系

①图像分辨率决定了图像输出的质量。图像分辨率和图像尺寸（高宽）的值一起决定了文件的大小，且该值越大图形文件所占用的磁盘空间也就越多。

②图像分辨率以比例关系影响着文件的大小，即文件大小与其图像分辨率的二次方成正比。如果保持图像尺寸不变，将图像分辨率提高一倍，则其文件大小增大为原来的 4 倍。

③分辨率是和图像相关的一个重要概念，它是衡量图像细节表现力的技术参数。分辨率高是保证彩色显示器清晰度的重要前提。分辨率体现屏幕图像的精密度，是指显示器所能显示的点数的多少。通常，"分辨率"被表示成每一个方向上的像素数量，分辨率越高，可显示的点数越多，画面就越精细。

任务 3 新建文件并打开素材图片

1）新建文件。选择"文件"菜单→"新建"命令或按<Ctrl+N>组合键，文件名称输入文字"照片晾晒效果"，设置单位是"厘米"，"宽度"为 20cm、"高度"为 13cm，"分辨率"为 150ppi，"颜色模式"为 RGB，8 位数通道，如图 1-4 所示。

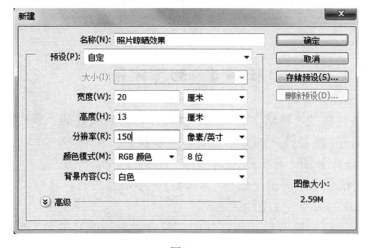

图 1-4

2）执行"文件"菜单→"打开"命令或按<Ctrl+O>组合键，打开一张素材图片，如图 1-5 和图 1-6 所示。

图 1-5 图 1-6

3）打开一张"桃源镇"的素材图片，如图 1-7 所示。

图 1-7

任务 4 制作背景

1）使用工具栏中的"移动工具"将素材图片移动到新建的"照片晾晒效果"文件中，调整素材图片"桃源镇"的大小位置，可以执行"编辑"→"自由变换"命令或按<Ctrl+T>组合键，如图 1-8 所示。

2）在"桃源镇"图片周围会出现可以调整大小的操控点，通过调节这些可操控的点来修改素材图片的大小，如图 1-9 所示。

3）按<Ctrl+T>组合键调整图片，使图片符合"照片晾晒效果"的文件大小要求，如图 1-10 所示。

图 1-8　　　　　　　　　　　　　　　　　图 1-9

4）将素材图片"桃源镇"作模糊处理，执行"滤镜"→"模糊"→"动感模糊"命令，如图 1-11 所示。

图 1-10　　　　　　　　　　　　　　　　　图 1-11

5）在弹出的"动感模糊"对话框中，设置"角度"为 0°，"距离"为 1800px，如图 1-12 所示。

6）此时，经过动感模糊处理过后的"桃源镇"图像已经变成了彩条状的图片，如图 1-13 所示。

图 1-12　　　　　　　　　　　　　　　　　图 1-13

任务5 导入并调整素材

1）双击此素材图层将其图层名称修改为"桃源镇",如图 1-14 所示。

2）为了便于制作,将背景图片隐藏。单击"图层"面板中"桃源镇"图层前面的小眼睛将其关闭,如图 1-15 所示。

 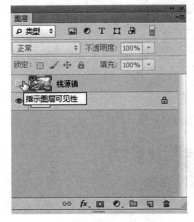

图 1-14　　　　　　　　　　　　　　　　图 1-15

3）执行"文件"→"打开"命令或按<Ctrl+O>组合键,如图 1-16 所示。

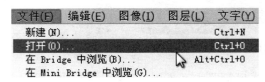

图 1-16

4）打开一张"晾衣架"图片,选择工具栏中的"移动工具",拖动图片到画布中,如图 1-17 所示。

图 1-17

5）执行"编辑"→"自由变换"命令或按<Ctrl+T>组合键来调整大小，将其摆放在画布中间，如图 1-18 和图 1-19 所示。

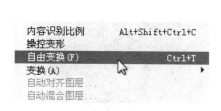

图 1-18

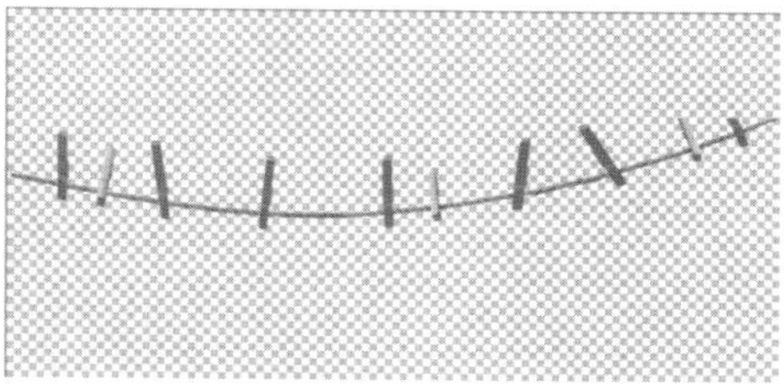

图 1-19

6）拖动完毕后调整到合适的位置，并将图层名称修改为"夹子"，如图 1-20 所示。

7）执行"文件"→"打开"命令或按<Ctrl+O>组合键，打开"卡通人物"原文件图片，选择使用工具箱中的"套索工具"选择人物图片中的一个卡通人物形象，如图 1-21 所示。

图 1-20

图 1-21

8）使用"移动工具"将选区中的卡通人物形象拖动到背景图片中，并将图层名称修改为"人物 1"，如图 1-22 所示。

图 1-22

9）执行"编辑"→"自由变换"命令或按<Ctrl+T>组合键，如图 1-23 所示。

10）卡通人物形象周围出现控制点，通过调节控制点调节人物的大小、位置以及旋转比例，如图 1-24 所示。

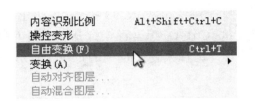

图 1-23   图 1-24

11）再次选择工具箱中的"套索工具"，选择人物图片中其他卡通人物形象，如图 1-25 所示。

12）使用"移动工具"将选区中的卡通人物形象拖动到背景图片中，双击该图层面板中的图层名称，修改为"人物 2"，调节"人物 2"图层上图像的大小，适当调整"人物 2"大小以及倾斜的角度，如图 1-26 所示。

图 1-25   图 1-26

13）以相同的方法将其他卡通人物素材分别拖动到画布中，摆放在"夹子"下，并将图层名称修改为"人物 2""人物 3""人物 4""人物 5"，如图 1-27 所示。

14）完成效果如图 1-28 所示。

图 1-27

图 1-28

任务6　对图像执行描边命令

1）为了制作出照片呈现纸片装晾晒效果，需要为人物制作一个描边效果，选择"人物 1"图层，应用"编辑"→"描边"命令，如图 1-29 所示。

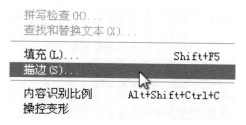

图 1-29

2）在"描边"对话框中，设置"描边"选项组中的"宽度"为 15px，"颜色"为白色，"位置"为"居中"，"混合"选项组中的"模式"为"正常"，"不透明度"为100%，如图 1-30 所示。

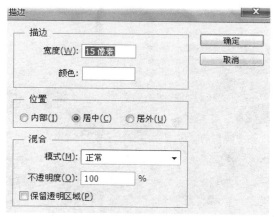

图 1-30

3）依照相同的方法分别将"人物 2""人物 3""人物 4""人物 5"层作相应的处理，如图 1-31 所示。

4）为了正确表现夹子是夹着晾晒的照片效果，在"夹子"图层按住鼠标左键不放，将"夹子"图层拖动到所有图层的最上面，如图 1-32 所示。

图 1-31   图 1-32

5）执行"文件"→"保存"命令或按<Ctrl+S>组合键，将文件保存，如图 1-33 所示。

图 1-33

最终实例完成，如图 1-34 所示。

图 1-34

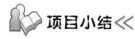 **项目小结** ≪

通过本项目的学习，使读者了解如何运用 Photoshop 软件将 Q 版人物形象处理成组合在一起的照片效果，并运用 Photoshop 软件里的工具将晒衣服的小夹子和这些图片有机地结合，使得画面充满童趣。

 实践演练 ≪

制作一张具有生活气息的照片。要求：

①熟练运用所学命令完成制作。

②自行选择自己或家人拍摄的照片为素材图片。

③背景图片处理与整体照片色彩搭配和谐统一。

④正确使用描边命令表现出照片的立体感。

项目 2　制作信封

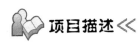 **项目描述** <<

本项目是制作信封效果。以《侠岚》动画片中主角人物成长的桃源镇为背景，配合写实的邮票完成本项目的制作。效果如图 2-1 所示。

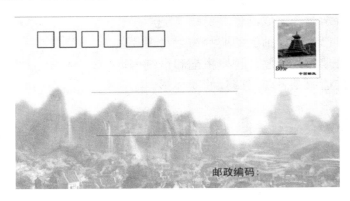

图 2-1

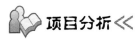 **项目分析** <<

本项目主要包括以下几方面的技术要点。

1）掌握常用图像的色彩模式。色彩有不同的显示模式，应用于不同媒介中。

2）制作邮政编码。使用描边命令配合"矩形选框工具"定义信封的构造格局，同时制作出信封的邮编框。

3）制作信封面。利用"套索工具"和"蒙版工具"提取桃源镇素材并应用于信封上，制作信封底纹效果。

4）制作邮票。通过"画笔工具"和"路径"面板制作出邮票。

本项目的制作分为以下 4 个任务来逐步完成。

任务 1	掌握常用图像的色彩模式
任务 2	制作邮政编码
任务 3	制作信封面
任务 4	制作邮票

项目教学及实施建议：18 学时。

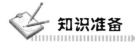 **知识准备**

1）"矩形选框工具"的应用。Photoshop 软件左侧工具栏中 ▢ · ▢ 矩形选框工具 M 或者按<M>键。

2）描边的设置与应用。在 Photoshop 主菜单中选择"编辑"→"描边"命令。

3）"画笔工具"和"路径"面板的综合运用。Photoshop 软件左侧工具栏中 ✎ · ✎ 画笔工具 B 或者按<B>键。切换"路径"面板，使用 ⬚ 命令，用画笔描边路径。

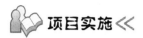 **项目实施 «**

任务 1　掌握常用图像的色彩模式

1. Photoshop 颜色模式

Photoshop 颜色模式主要有 RGB、CMYK、Lab、位图模式、索引模式、双色模式和多通道模式等。

2. Photoshop 常用的色彩模式

Photoshop 共有两种色彩模式：一种是 RGB；一种是 CMYK 模式。

RGB 模式：G 是 Green，R 是 Red，B 是 Blue。

1）RGB 色彩模式，是工业界的一种颜色标准，是通过对红（R）、绿（G）、蓝（B）3 个颜色通道的变化以及它们相互之间的叠加来得到各式各样的颜色，RGB 即是代表红、绿、蓝 3 个通道的颜色，这个标准几乎包括了人类视力所能感知的所有颜色，是目前运用最广的颜色系统之一。

2）CMYK 模式：C 代表青色（Cyan），M 代表洋红色（Magenta），Y 代表黄色（Yellow），K 代表黑色（Black）。

CMYK 色彩模式是一种依靠反光的色彩模式，就像阅读书籍时是由阳光或灯光照射到书本上，再反射到人们的眼中，才看到内容。它需要有外界光源，如果在黑暗房间内是无法阅读的。只要是在屏幕上显示的图像，就是 RGB 模式表现的。只要是在印刷品上看到的图像，就是用 CMYK 模式表现的，比如期刊、杂志、报纸、图画等。

任务 2　制作邮政编码

1）执行"文件"→"新建"命令或按<Ctrl+N>组合键，打开"新建"对话框，文件名称设置为"信封"，设置其"宽度"为 22cm，"高度"为 12cm，"背景内容"为"白色"，"颜色模式"为 RGB，其他参数使用默认值，如图 2-2 所示。

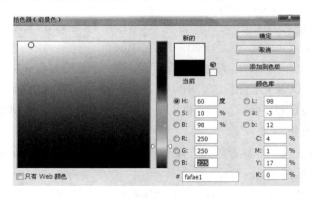

图 2-2

2）接下来将白色的画布填充一种颜色。首先在工具箱中用鼠标左键单击设置前景色按钮，在弹出的对话框中将前景色设为（R:250，G:250，B:225）或者输入"#fafae1"，设置完毕后单击"确定"按钮，设置好信封的颜色后，需要将其填充在画布上，按<Alt+Delete>组合键，进行前景色填充，如图 2-3 所示。

图 2-3

3）接下来制作填写邮政编码的小矩形。单击面板下面的"创建新图层"按钮或按<Ctrl+Shift+N>组合键，新建一个图层。在工具箱中选择"矩形选框工具"，羽化设置为 0 像素，在样式选项中选择"固定大小"，高度、宽度都设置为 1.36cm，如图 2-4 所示。

图 2-4

4）执行"视图"→"标尺"命令或按<Ctrl+R>组合键，如图 2-5 所示。

5）此时，在画布周围出现了数字刻度，这样"标尺"就被显示出来了，如图 2-6 所示。

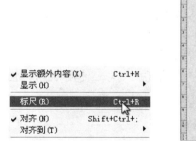

图 2-5　　　　　　　　　　　　　　　　图 2-6

6）分别从标尺的左侧和上方拖动出来两条"参考线"，用于定位后面绘制正方形选区的位置，拖动辅助"参考线"时按<Shift>键将强制其对齐到标尺上的刻度，如图 2-7 所示。

图 2-7

7）隐藏"参考线"的方法：可以选择"视图"→"清除参考线"命令，如图 2-8 所示。

8）隐藏标尺，可以执行"视图"→"标尺"命令或按<Ctrl+R>组合键，在设置好的辅助位置上的左侧交叉点上，绘制一个正方形的选区框，如图 2-9 所示。

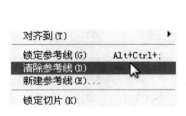

图 2-8　　　　　　　　　　　　　　　　图 2-9

9）要在制作出来的正方形选区添加一种颜色，可以执行"编辑"→"描边"命令，设置其"宽度"为 4px，"颜色"为暗红色（R:213，G:39，B:60），"位置"为居中，"模式"为正常，"不透明度"为 100%，如图 2-10 所示。

10）可按<Ctrl+D>组合键取消选区，需要将执行过描边后的矩形复制出多个，可以通过复制和粘贴实现，或按<Ctrl+J>组合键复制红色方框 5 次，使用上述方法，借助"参考线"将其摆放在合适的位置，如图 2-11 所示。

图 2-10

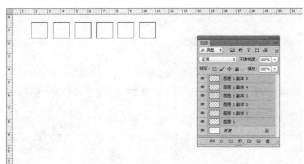

图 2-11

11）在"图层"面板中按<Shift>键不放，用单击鼠标选中除背景层外的其他所有图层，然后在"图层"面板上单击鼠标右键，在弹出的快捷菜单中选择"合并图层"命令或者按<Ctrl+E>组合键进行"合并图层"操作，将这些红色方框的图层合并在一起，双击鼠标左键将图层名称修改为"邮编"，如图 2-12 所示。

12）选择工具箱中的"横排文字工具"，设置文字颜色为红色，输入文字"邮政编码:"，并设置其"字体"为黑体，"大小"为 20 点，如图 2-13 所示。

图 2-12

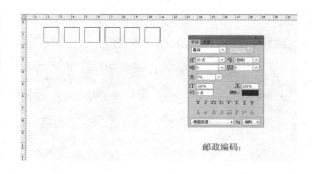

图 2-13

任务 3　制作信封面

1）利用《侠岚》的素材，执行"文件"→"打开"命令，在"打开"对话框中找到素材"桃源镇.jpg"文件，打开"桃源镇.jpg"图片，如图 2-14 和图 2-15 所示。

图 2-14　　　　　　　　　　　　　　　　　　图 2-15

2）选择"魔棒工具"（快捷键<W>），如图 2-16 所示。

3）"魔棒工具"设置"容差"为 32，选中"消除锯齿"
"连续"复选框，如图 2-17 所示。

图 2-17

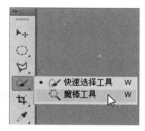

图 2-16

4）在打开的"桃源镇.jpg"图片中，用"魔棒工具"在
中间天空位置单击鼠标，会出现选区，如图 2-18 所示。

图 2-18

5）在图片天空的左边和右边位置，分别按住<Shift>键并单击鼠标，在已有的选
区上添加选区，如图 2-19 所示。

6）继续在图片下面的位置，按<Shift>键并单击鼠标左键继续添加选区，如
图 2-20 所示。

7）单击工具箱下面的"快速蒙版"按钮或者按快捷键<Q>，图片中未被选择的部
分会呈现红色的状态，可以在"快速蒙版"模式下进行编辑，使选区做得更加细致，

如图 2-21 所示。

图 2-19

图 2-20

图 2-21

8）选择工具箱中的"画笔工具"或者按快捷键<B>，如图 2-22 所示。

图 2-22

9)"画笔工具"的笔刷选择柔边笔刷,"大小"为 21px,硬度为"30%","模式"为"正常","不透明度"为 100%,"流量"为 100%,如图 2-23 所示。

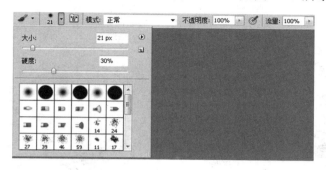

图 2-23

10)Photoshop 蒙版是将不同灰度色值转化为不同的透明度,黑色为完全透明,白色为完全不透明。根据这个原理,按<Ctrl>键和键盘上的加号放大画面后,用画笔在需要显示的地方涂抹黑色(涂抹黑色的地方会显示为红色);反之,就涂抹白色。制作效果如图 2-24 所示。

图 2-24

11)可以按<X>键切换黑色和白色,同时按键盘上的左括号<[>键及右括号<]>键,可以放大缩小笔刷,并且不断调整画笔的不透明度会得到比较自然的效果(这个步骤需要花一些时间耐心制作)。完成制作,红色区域就是要显示的区域,如图 2-25 所示。

图 2-25

12）按<Q>键退出"快速蒙版"模式，画面的蒙版就转成了选区，如图 2-26 所示。

图 2-26

13）现在选区里的内容是天空和画面空白的区域，需要的是山、建筑等部分，因此，需要执行"选择"→"反向"命令或按<Ctrl+Shift+I>组合键反向选择选区，如图 2-27 所示。这时选区里的内容就是需要的部分，如图 2-28 所示。

图 2-27   图 2-28

14）执行"选择"→"修改"→"羽化"命令，如图 2-29 所示。羽化半径为 5px，单击"确认"按钮，如图 2-30 所示。

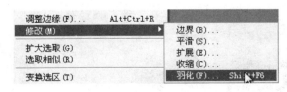

图 2-29   图 2-30

15）执行"编辑"→"复制"命令或按<Ctrl+C>组合键。如图 2-31 所示。

16）返回到"信封"文件中，执行"编辑"→"复制"命令或按<Ctrl+V>组合键，如图 2-32 所示。

图 2-31　　　　　　　　　　　　　图 2-32

17）现在把桃源镇的部分景物已经粘贴到了"信封"文件中了，命名为"桃源镇"，如图 2-33 所示。

图 2-33

18）按<Ctrl>键不放，用鼠标单击选中"桃源镇"图层，执行反选或按<Ctrl+Shift+I>组合键，执行"选择"→"修改"→"羽化"命令，数值设置为 10，然后保持选区不变，按<Delete>键，对山脉周围进行模糊处理，处理完毕后如图 2-34 所示。

图 2-34

19）按<Ctrl+D>组合键，取消选区，设置此图层的"不透明度"为 24%，最后再将此图层的"图层混合模式"设置为"正片叠底"，效果如图 2-35 所示。

图 2-35

任务 4　制作邮票

1）执行"文件"→"新建"命令或按<Ctrl+N>组合键，打开"新建"对话框，文档名称命名为"邮票"，设置其"宽度"为 640px，"高度"为 480px，"背景内容"为"背景色"，"颜色模式"为 RGB，其他参数使用默认值，如图 2-36 所示。

2）按键盘<Ctrl+Shift+N>组合键，新建一个图层，并使用矩形选区工具新建一个选区，填充为白色，如图 2-37 所示。

图 2-36　　　　　　　　　　　　　　　　　　图 2-37

3）执行"文件"→"打开"命令或按<Ctrl+O>组合键，打开一张风景素材图片，执行"编辑"→"自由变换"命令或按<Ctrl+T>组合键，调整图片的大小，调整后摆放至白色矩形层上方，如图 2-38 所示。

4）输入文字"80 分中国邮政"，摆放在合适的位置即可，如图 2-39 所示。

5）使用"魔术棒工具"调出"白色矩形的选区"，在"路径"面板中单击"从选区生成工作路径"按钮，如图 2-40 所示。

图 2-38

图 2-39

6）系统返回到"图层"面板中，按<Ctrl+Shift+N>组合键，新建一个图层，选择"画笔"工具，按<F5>快捷键设置画笔属性，"大小"为 15px，"角度"为 0°，"硬度"为 100%，"间距"为 95%，如图 2-41 所示。

图 2-40

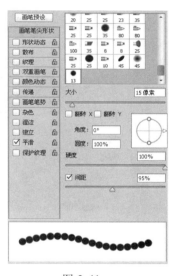

图 2-41

注意：在属性栏中设置其画笔"流量"为 100%，否则描边出来的颜色很淡，无法进行下一步的载入选区操作。

7）设置前景色为黑色，打开"路径"面板，单击"用画笔描边路径"按钮，如图 2-42 所示。然后删除工作路径，如图 2-43 所示。

8）合并所有可见层后使用"魔术棒"工具选择黑色背景，执行反选后选中整个邮票将其拖动到信封源文件中，如图 2-44 所示。

9）按<Ctrl+Shift+N>组合键，新建一个图层，绘制直线，执行"文件"→"保存"命令或按<Ctrl+S>组合键，选择一个路径保存，完成效果如图 2-45 所示。

图 2-42   图 2-43

图 2-44

图 2-45

项目小结《

通过本项目的学习，了解如何运用 Photoshop 软件制作信封效果，信封设计画面美观大方，细节制作精良。

实践演练《

1）制作《侠岚》贺卡。

2）要求：

①熟练运用所学命令完成《侠岚》贺卡的制作。

②正确制作贺卡上的邮票。

③作品的色调完整统一。

实战篇

项目 3 制作《侠岚》光盘效果

项目描述 《

本项目是制作《侠岚》剧集的 DVD 光盘效果。故事背景以几个角色成长的桃源镇展开，因此，选择一张桃源镇的远景图作为盘面，画面美丽而温馨。效果如图 3-1 所示。

图 3-1

项目分析 《

本项目主要包括以下几方面的技术要点：

1）制作光盘外轮廓造型。使用"圆形选框工具"，"渐变工具"和"通道"面板制作出光盘外观。

2）制作盘面。利用"套索工具""画笔工具"，再配合"快速蒙版工具"提取桃源镇素材，制作盘面。

3）制作光盘盒。将导入的素材图片在 Photoshop 软件中进行处理制作背景和盘盒，并输入 Logo 装饰，使光盘设计更加完善。

本项目的制作分为以下 3 个任务来逐步完成。

任务 1	制作光盘外轮廓造型
任务 2	制作盘面
任务 3	制作光盘盒

项目教学及实施建议：20 学时。

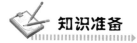 **知识准备**

1）"椭圆选框工具"和"角度渐变工具"：Photoshop 软件左侧工具栏中 或者按<M>键；Photoshop 软件左侧工具栏中 渐变工具 G 或者按<G>键。

2）链接图层和图层编组："图层"面板最下方 链接图层；"图层"面板最下方 创建新组或者按<Ctrl+G>组合键。

3）图层对齐：在 Photoshop 主菜单中选择"图层"→"将图层与选区对齐"命令。

4）图片素材的复制粘贴处理：按<Ctrl+C>组合键复制，再按<Ctrl+V>组合键粘贴。

5）高斯滤镜的运用：在 Photoshop 主菜单中选择"滤镜"→"模糊"→"高斯滤镜"命令。

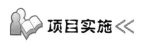 **项目实施 《**

任务 1 制作光盘外轮廓造型

1）选择"文件"→"新建"命令或按<Ctrl+N>组合键，打开"新建"对话框，在"名称"文本框中输入《侠岚》光盘封面"，"宽度"为 600px，"高度"为 600px，"分辨率"为 100ppi，"颜色模式"为 RGB8 位通道数，"背景内容"为"白色"的文件，如图 3-2 所示。

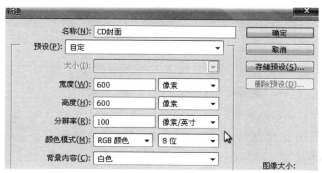

图 3-2

2）选择"椭圆选框工具"，样式设置为"固定大小"，宽度和高度都是 12cm，如图 3-3 所示。

3）新建图层，确认新建的"图层 1"为当前图层，按住<Alt>键在画面中间单击鼠标，创建一个正圆形选区，如图 3-4 所示。

图 3-3

4）单击鼠标选择工具箱下面的前景色设置，打开颜色设置对话框，设置颜色为浅灰色，RGB（R：204，G：204，B：204）。如图 3-5 所示。

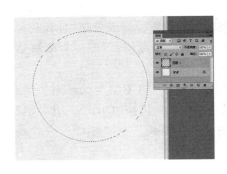

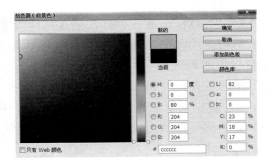

图 3-4　　　　　　　　　　　　　　　　　　　　图 3-5

5）按<Alt+Delete>组合键为选区填充浅灰色，之后按<Ctrl+D>组合键取消选区，如图 3-6 所示。

6）选择"椭圆选框工具"，样式设置为"固定大小"，宽度和高度都是 1.5cm，如图 3-7 所示。

7）按住<Alt>键在大圆中间位置单击鼠标，创建一个小的正圆形选区，如图 3-8 所示。

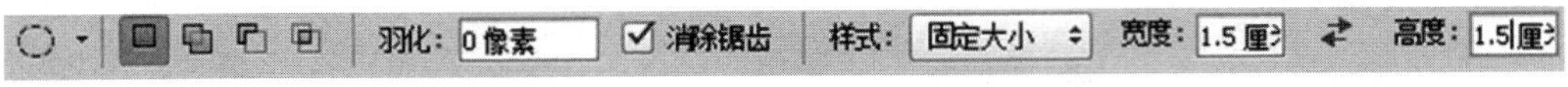

图 3-6

○▽ ▭ ◰ ◲ ◱　羽化：0 像素 　☑ 消除锯齿　样式：固定大小 ⬍ 宽度：1.5 厘⇄ 高度：1.5 厘⬍

图 3-7

8）执行"图层"→"将图层与选区对齐"→"垂直居中"命令，再执行"图层"→"将图层与选区对齐"→"水平居中"命令，如图 3-9 所示。

9）使选区与图层完全居中对齐，然后按<Delete>键删除小圆选区中的颜色，之后按<Ctrl+D>组合键取消选区。如图 3-10 所示。

10）调整"图层 1"的"不透明度"为 50%，在"图层1"靠右边的地方双击鼠标打开"图层"面板，如图 3-11 所示。

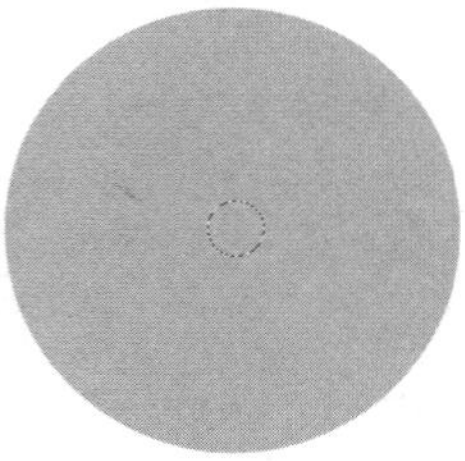

图 3-8

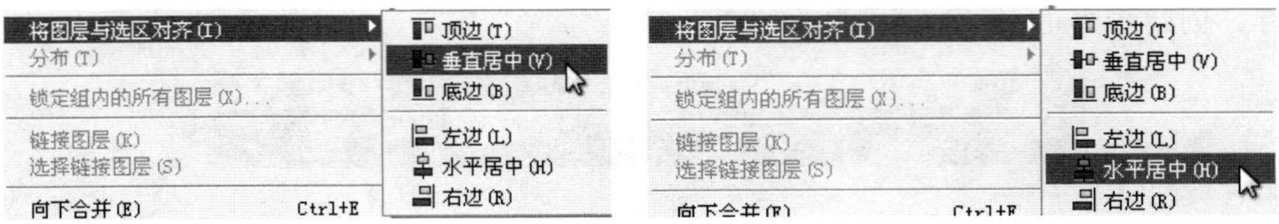

将图层与选区对齐(I) ▶		⬚ 顶边(T)
分布(T) ▶		⬚ 垂直居中(V)
锁定组内的所有图层(X)...		⬚ 底边(B)
链接图层(K)		⬚ 左边(L)
选择链接图层(S)		⬚ 水平居中(H)
向下合并(E) Ctrl+E		⬚ 右边(R)

图 3-9

图 3-10

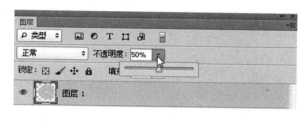

b）

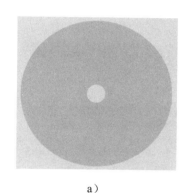

c）

a）

图 3-11

11）在"图层"面板中选择"斜面和浮雕"选项，"结构"部分的设置："样式"为"内斜面"，"方法"为"平滑"，"深度"为 100%，"方向"为"上"，"大小"和"软化"数值都为 0；"阴影"部分的设置："角度"为 120°，高度为 30，选中"使用全局光"复选框，"高光模式"为"颜色减淡"，"不透明度"为 75%，"阴影模式"为"颜色加深"，如图 3-12 所示。

12）选择"椭圆选框工具"，样式设置为"固定大小"，宽度和高度都是 11.5cm。如图 3-13 所示。

13）新建图层"图层 2"，按<Alt>键在圆形中间位置单击鼠标，创建一个正圆形选区，如图 3-14 所示。

14）按住<Ctrl>键单击"图层 1"，"图层 1"和"图层 2"颜色都呈现深蓝色，然后单击面板下面的"链接图层"按钮，链接"图层 1"和"图层 2"，如图 3-15 所示。

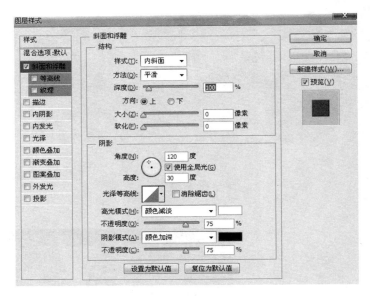

图 3-12

图 3-13

图 3-14

图 3-15

15）执行"图层"→"将图层与选区对齐"→"垂直居中"命令，再执行"图层"→"将图层与选区对齐"→"水平居中"命令，如图 3-16 所示。

图 3-16

16）选择"图层 2"为当前层，单击前景色色块，设置前景色 RGB（R：204，G：204，B：204），为选区填充浅灰色，然后按<Ctrl+D>组合键，取消选区，如图 3-17 所示。

17）选择"椭圆选框工具"，样式设置为"固定大小"，宽度和高度都是 3.8cm。如图 3-18 所示。

18）按<Alt>键在圆形中间位置单击鼠标，创建一个小的正圆形选区，如图 3-19 所示。

图 3-17

图 3-18

19）参考步骤 11）的方法，按住<Ctrl>键单击"图层 1"，链接"图层 1"和"图层 2"；执行"图层"→"将图层与选区对齐"→"垂直居中"命令，再执行"图层"→"将图层与选区对齐"→"水平居中"命令，使选区与图层完全居中对齐。

20）选择"图层 2"为当前图层，按<Delete>键删除选区中的颜色，然后按<Ctrl+D>组合键取消选区，如图 3-20 所示。

21）按住<Ctrl>键单击"图层 2"载入"图层 2"的选区，如图 3-21 所示。

图 3-19

图 3-20

图 3-21

22）执行"选择"→"存储选区"命令，打开"存储选区"对话框，"名称"文本框设置为"图层 2"，选择"新建通道"单选按钮，如图 3-22 所示。

23）选择"渐变工具"，按<G>键，单击"可编辑渐变区域"按钮，如图 3-23 所示。

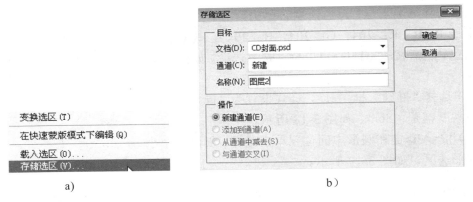

a)   b）

图 3-22

图 3-23

24）打开"渐变编辑器"窗口，渐变类型为"杂色"，颜色模型为"HSB"，然后不断单击"随机化"按钮；颜色基本要求：渐变色预览条上以黑白状态为主，细节对比稍强一些。之后单击"确认"按钮，确认渐变色的选择，如图 3-24 所示。

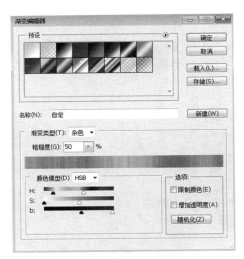

图 3-24

说明：这里没有固定的数值来选择颜色，需要耐心单击"随机化"按钮。

25）选择"渐变工具"栏中的"角度渐变"按钮，如图 3-25 所示。

图 3-25

26）新建"图层 3"图层后，按<Shift>键从画面中心位置向右边的边缘位置拉出渐变，松开鼠标左键就创建出角度渐变，如图 3-26 所示。

27）按<Ctrl+D>组合键取消选区，光盘的渐变填充效果初步完成，如图 3-27 所示。

图 3-26　　　　　　　　　　　　　　　图 3-27

28）把"图层 3"的"不透明度"设置为 50%，如图 3-28 所示。

a）　　　　　　　　　　　　　　　　　　b)

图 3-28

29）在"图层 3"上单击鼠标右键，在弹出的快捷菜单中选择"复制图层"命令，复制"图层 3"为"图层 3 副本"，如图 3-29 所示。

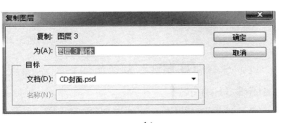

a)　　　　　　　　　　　　　　　　　　b)

图 3-29

c)

图 3-29（续）

30）确认"图层 3 副本"为当前层，执行"编辑"→"变换"→"旋转 180°"命令。完成后效果如图 3-30 所示。

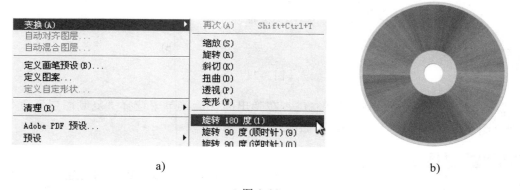

a)   b)

图 3-30

31）选择"图层 3"为当前层，把本图层的"不透明度"调整为 100%。完成后效果如图 3-31 所示。

32）选择"图层 3 副本"为当前层，单击鼠标右键，在弹出的快捷菜单中选择"向下合并"命令，合并"图层 3 副本"和"图层 3"两个图层为"图层 3"，如图 3-32 所示。

图 3-31 图 3-32

33）同时把"图层 3"的"不透明度"调整为 50%。完成后效果如图 3-33 所示。

a） b）

图 3-33

34）按住上的<Ctrl>键选择"图层 1""图层 2""图层 3"这 3 个图层，执行"图层"→"图层编组"命令或按<Ctrl+G>组合键，如图 3-34 所示。

35）在"组 1"字样处双击鼠标，把"组 1"重命名为"碟片"，如图 3-35 所示。

图 3-34

36）选择"椭圆选框工具"，样式设置为"固定大小"，宽度和高度都是 4.5cm，如图 3-36 所示。

37）在"图层"面板上单击"新建图层"按钮，在"碟片"组上新建"图层 4"图层，按住<Alt>键在图像中心位置单击鼠标，创建一个圆形选区，如图 3-37 所示。

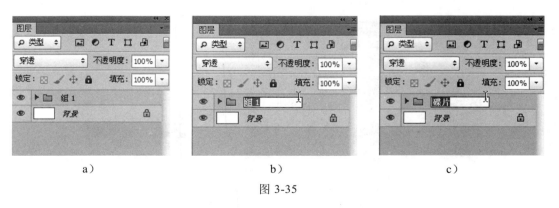

图 3-35

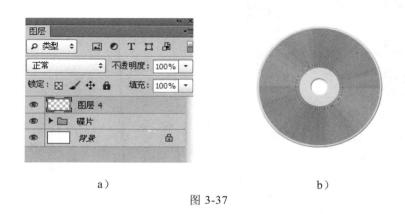

图 3-36

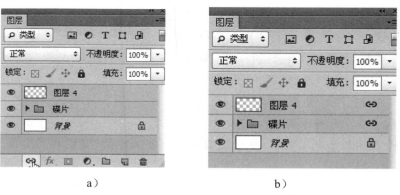

图 3-37

38）按住<Ctrl>键单击"图层"面板上的"碟片"组，使"图层 4"和"碟片"组都呈现深蓝色状态，然后单击面板左下方的"链接图层"按钮，链接"图层 4"和"碟片"组，如图 3-38 所示。

图 3-38

39）参考前面的步骤 14），执行"图层"→"将图层与选区对齐"→"垂直居中"

命令，再执行"图层"→"将图层与选区对齐"→"水平居中"命令，使选区与图层完全居中对齐。完成后效果如图 3-39 所示。

图 3-39

40）选择"图层 4"作为当前层，单击前景色，设置深灰色 RGB（R：51，G：51，B：51），按<Alt+Delete>组合键为选区填充深灰色，按<Ctrl+D>组合键取消选区。完成效果如图 3-40 所示。

41）选择"椭圆选框工具"，样式设置为"固定大小"，宽度和高度都是 3.5cm。如图 3-41 所示。

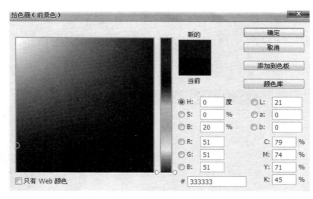

a）

b）

c）

图 3-40

图 3-41

42）按住<Alt>键在深灰色圆形中间位置单击鼠标，创建一个圆形选区，如图 3-42 所示。

图 3-42

43）参考步骤 26），按住<Ctrl>键单击"碟片"组，链接"图层 4"和"碟片"组，之后执行"图层"→"将图层与选区对齐"→"垂直居中"命令，再执行"图层"→"将图层与选区对齐"→"水平居中"命令，使选区与图层完全居中对齐。完成效果如图 3-43 所示。

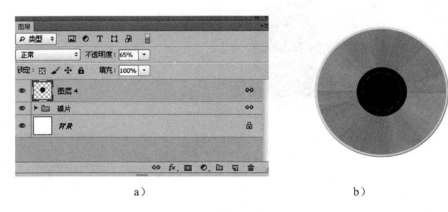

a）   b）

图 3-43

44）选择"图层 4"为当前层，按<Delete>键删除选区内的深灰色，取消选区，并把本图层的"不透明度"调整为 65%，如图 3-44 所示。

45）新建图层"图层 5"，然后打开"通道"面板，按住<Ctrl>键单击"图层 2"通道，如图 3-45 所示。

46）载入"图层 2"的选区，完成效果如图 3-46 所示。

a）

b）

图 3-44

a）

b）

图 3-45

图 3-46

47）到这里，载入的选区与图层没有对齐，接下来参考前面的步骤，按住<Ctrl>键单击"图层"面板上的"图层 4"和"碟片"组，然后单击面板左下方的"链接图层"按钮，链接"图层 5""图层 4"和"碟片"组这 3 层，如图 3-47 所示。

a）

b） c）

图 3-47

48）执行"图层"→"将图层与选区对齐"→"垂直居中"命令，再执行"图层"→"将图层与选区对齐"→"水平居中"命令，使选区与图层完全居中对齐。完成后效果如图 3-48 所示。

图 3-48

49）选择"图层 5"作为当前层，设置前景色颜色为黑色，RGB（R：0，G：0，B：0），按<Alt+Delete>组合键为选区填充黑色，按<Ctrl+D>组合键取消选区。完成效果如图 3-49 所示。

50）执行"滤镜"→"模糊"→"高斯模糊"命令，如图 3-50 所示。

51）打开"高斯模糊"对话框，模糊半径值为 10px，如图 3-51 所示。

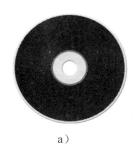

a）

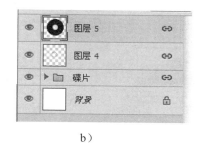

b）

图 3-49

图 3-50

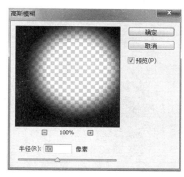

图 3-51

52）直接拖动"图层 5"，把这个图层放在"碟片"组下面，或者按两次<Ctrl+[>组合键。完成效果，如图 3-52 所示。

图 3-52

任务 2 制作盘面

1）利用《侠岚》的桃源镇为素材，制作盘面，为光盘封面添加细节。执行"文件"→"打开"命令，在"打开"对话框中找到素材"桃源镇渲染效果.jpg"文件，打开"桃源镇渲染效果.jpg"图片，如图 3-53 所示。

2）选择"魔棒工具"，按<W>键，如图 3-54 所示。

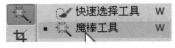

| 图 3-53 | 图 3-54 |

3）"魔棒工具"默认设置："容差"为 32，选中"消除锯齿""连续"复选框。如图 3-55 所示。

图 3-55

4）在打开的"桃源镇渲染效果.jpg"图片中，用"魔棒工具"在中间天空位置单击鼠标，会出现选区，如图 3-56 所示。

5）在图片天空的左边和右边位置，分别按住<Shift>键单击鼠标，在已有的选区上添加选区，如图 3-57 所示。

6）继续在图片下面的位置，按<Shift>键单击鼠标继续添加选区，如图 3-58 所示。

a）

图 3-56

b）

图 3-56（续）

图 3-57

图 3-58

7）单击工具箱下面的"快速蒙版"按钮或者按<Q>键，图片中未被选择的部分会呈现红色的状态，可以在"快速蒙版"模式下进行编辑，使选区做得更加细致，如图 3-59 所示。

8）选择工具箱中的"画笔工具"或者按<B>键，如图 3-60 所示。

9）"画笔工具"的笔刷选择柔边笔刷，"大小"为 21px，"模式"为"正常"，"不透明度"为 100%，"流量"默认为 100%，如图 3-61 所示。

图 3-59

图 3-60

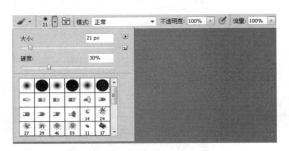

图 3-61

10）Photoshop 蒙版是将不同灰度色值转化为不同的透明度，黑色为完全透明，白色为完全不透明。根据这个原理，按<Ctrl>键+键盘上的加号放大画面后，用画笔在需要显示的地方涂抹黑色（涂抹黑色的地方会显示为红色）；反之，就涂抹白色。制作效果如图 3-62 所示。

图 3-62

11）可以按<X>键切换黑色和白色，同时按键盘上的左括号"["及右括号"]"可以放大、缩小笔刷，并且不断调整画笔的不透明度会得到比较自然的效果，这个步骤需要花一些时间耐心制作，如图 3-63 所示。

12）按<Q>键退出"快速蒙版"模式，画面的蒙版就转成了选区，如图 3-64 所示。

图 3-63

图 3-64

13）现在选区里的内容是天空和画面空白的区域，需要的是山、建筑等部分，因此，需要执行"选择"→"反向"命令或按<Shift+Ctrl+I>组合键反向选择选区，这时选区里的内容就是需要的部分，如图 3-65 所示。

a） b）

图 3-65

14）执行"选择"→"修改"→"羽化"命令，"羽化半径"为 5px，单击"确定"按钮，如图 3-66 所示。

15）执行"编辑"→"复制"命令或按<Ctrl+C>组合键，如图 3-67 所示。

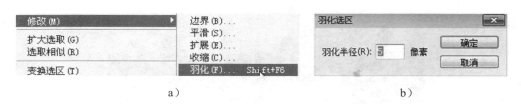

图 3-66

16）返回到"《侠岚》光盘封面"文件中，执行"编辑"→"复制"命令或按<Ctrl+V>组合键，如图 3-68 所示。

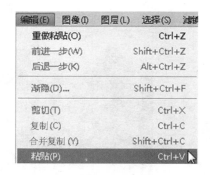

图 3-67   图 3-68

17）现在把桃源镇的部分景物已经粘贴到了"《侠岚》光盘封面"文件中了，"图层"面板中自动生成了一个新图层"图层 6"，如图 3-69 所示。

a）   b）

图 3-69

18）确认"图层 6"作为当前层，执行"编辑"→"自由变换"命令或按<Ctrl+T>组合键，画面中的内容出现变形框，如图 3-70 所示。

19）按住<Shift>键，单击变形框右上角的控制点往左下角方向拖动，缩小素材内容，让它符合光盘盘面的大小，大小调整好后，移动到合适的位置，如图 3-71 所示。

图 3-70

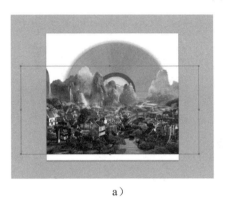

a）　　　　　　　　　　　　　　b）

图 3-71

20）按<Enter>键确认自由变换操作，如图 3-72 所示。

图 3-72

21）在"图层"面板中，单击"碟片"组前面的小三角按钮，展开里面的图层，如图 3-73 所示。

a）   b）

图 3-73

22）按住<Ctrl>键并单击"图层 2"的图像区域，载入选区，如图 3-74 所示。

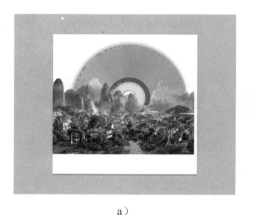

a）   b）

图 3-74

23）执行"选择"→"反向"命令或按<Shift+Ctrl+I>组合键反向选择选区，如图 3-75 所示。

a）   b）

图 3-75

24）确认"图层 6"为当前层，反转选区，按<Delete>键删除选区里的内容，如图 3-76 所示。

25）按<Ctrl+D>组合键取消选区，拖动"图层 6"，把它放在把"图层 4"下面。完成效果如图 3-77 所示。

图 3-76　　　　　　　　　图 3-77

26）将"Logo"拖动到文档中摆放到光盘上，如图 3-78 所示。

图 3-78

任务 3　制作光盘盒

1）执行"文件"→"新建"命令或按<Ctrl+N>组合键，打开"新建"对话框，新建一个名称为"光盘封套"的文件，"宽度"为 21cm，"高度"为 10cm，"分辨率"为 150ppi，"背景内容"为"白色"，"颜色模式"为 RGB，其他使用默认值，如图 3-79 所示。

2）执行"文件"→"打开"命令或按<Ctrl+O>组合键，打开一张素材图片，并将素材图片"光盘"拖到文件中，将图层名称修改为"背景"，按<Ctrl+T>组合键调整光盘的大小，如图 3-80 示。

图 3-79

图 3-80

3）执行"文件"→打开"命令或按<Ctrl+O>组合键，打开一张桃源镇素材图片，选择工具箱中的"移动工具"，单击鼠标选中素材"桃源镇"图片，并将该素材图片拖动到"光盘"文件中，双击鼠标，将图层名称修改为"桃源镇"。按<Ctrl+T>组合键调整光盘的大小。使用<Ctrl+Shift+N>组合键新建图层，使用"钢笔尖工具"绘制出细长矩形，形成立体效果，并将图层名称修改为"矩形"，打开"图层"面板为其添加投影，如图 3-81 所示。

图 3-81

4）设置前景色为 RGB（R：156，G：104，B：91），使用"画笔工具"，选择水墨风格画笔，绘制一个长矩形框，并将图层名称修改为"笔刷"，如图 3-82 所示。

图 3-82

5）最后将英文"logo"拖动到文档中，执行"文件"→"保存"命令或按<Ctrl+S>组合键，选择一个路径保存，如图 3-83 所示。

图 3-83

 项目小结 《

通过此项目的学习，了解如何运用 Photoshop 软件制作 DVD 光盘的效果。运用 Photoshop 软件中"椭圆选区工具"将所需素材提取出来，借助链接图层编辑图像，通过高斯滤镜作出特殊效果，使桃源镇美轮美奂的田园风格一览无遗，完成光盘效果制作。

 实践演练 《

制作周杰伦唱片效果。要求：
①熟练运用所学命令完成唱片的制作。
②制作唱片表面注意将素材和唱片自然地融合在一起。
③作品的色调完整统一。

项目 4　制作辗迟杂志内页设计

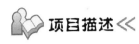

项目描述 ≪

　　本项目制作的是杂志内页，以《侠岚》动画片中主角人物为素材进行创作。选择一张辗迟的飞跃动作为素材进行设计，内页中极具动感的彩色线条不仅起到了丰富画面的作用，更衬托出人物飞跃的动感。效果如图 4-1 所示。

图 4-1

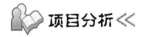

项目分析 ≪

　　本项目主要包括以下几方面技术要点：

1）制作人物影子，利用"高斯模糊"命令制作出人物的影子。

2）制作彩条，利用"圆角矩形工具"制作色彩丰富的彩条作为装饰。

3）制作背景，利用之前制作好的材质球素材制作内页背景。

4）制作彩球装饰，利用"矩形选框工具"制作出彩球，配合羽化来制作彩球。

5）制作画面空间感，调整并丰富画面制作空间感。

本项目的制作分为以下 5 个任务来逐步完成。

任务 1	制作人物影子
任务 2	制作彩条
任务 3	制作背景
任务 4	制作彩球装饰
任务 5	制作画面空间感

项目教学及实施建议：32 学时。

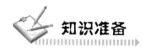

1）掌握"高斯模糊"命令的综合运用方法：在 Photoshop 主菜单中选择"滤镜"→"模糊"→"高斯滤镜"命令。

2）"圆角矩形工具"的设置：Photoshop 软件左侧工具架中 ⬚ 或者按 <U>键。

3）羽化人物选区：在 Photoshop 主菜单中 羽化:0像素 或者按<Shift+F6>组合键。

4）图层混合模式中叠加图层的方法：选择图层，单击鼠标右键，在弹出的快捷菜单中选择混合选项。

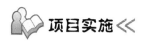 ≪

任务 1　制作人物影子

1）按<Ctrl+N>组合键新建文件，文件名称为"辗迟杂志内页设计"，"宽度"为 600px，"高度"为 800px，"分辨率"为 100ppi，"颜色模式"RGB，8 位数通道，"背景内容"为"白色"，其他使用默认值，如图 4-2 所示。

图 4-2

2）选择"文件"→"打开"命令或按<Ctrl+O>组合键，如图 4-3 所示。

打开素材资料"辗迟侧面奔跑"文件，如图 4-4 所示。

选择工具箱中的"移动工具"，将人物拖动到"辗迟杂志内页设计"文件中，选择"编辑"→"自由变换"命令或按<Ctrl+T>组合键对人物大小进行调整，调整完毕后如图 4-5 所示。

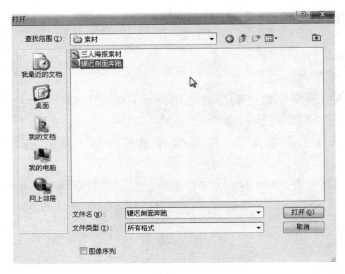

图 4-3

图 4-4

图 4-5

3）需要一个比较深的颜色填充画笔，为了凸显后面将要制作的发光矩形效果，所以将工具箱中的前景色设置为黑色 RGB（R：0，G：0，B：0）或者直接输入数值"#000000"，设置完毕后单击确定按钮，如图 4-6 所示。

4）将设置好的颜色进行填充，按<Alt+Delete>组合键，此时画布被填充为黑色，如图 4-7 所示。

5）为了使人物更加立体，首先要复制图层，制作出人物的立体感，将"辗迟"人物图层修改名称为"原始人物"，通过按<Ctrl+J>组合键将"原始人物"图层复制，双击鼠标复制出来的图层，将其名称改为"人物 1"，如图 4-8 所示。

6）为"人物"图层制作出一个影子。首先，提取出"人物"图层的选区，可以按<Ctrl>键，单击人物"图层"，调出"人物 1"选区，如图 4-9 所示。

7）在新的图层上，制作影子效果。按<Ctrl+Shift+N>组合键，新建一个图层并双击图层名称处，将图层名称修改为"影子 1"，如图 4-10 所示。

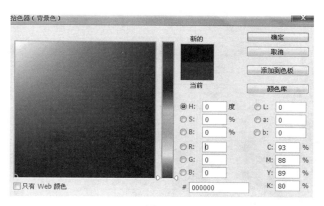

图 4-6

图 4-7

图 4-8

图 4-9

图 4-10

8）单击工具箱中的"前景色"按钮，在弹出的对话框中设置前景色为 RGB（R：55，G：87，B：64），也可以直接输入"#375740"，设置完毕后单击"确定"按钮，如图 4-11 所示。

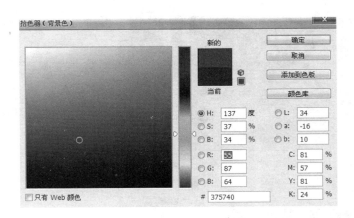

图 4-11

9）将设置好的颜色填充到画布中，可按<Alt+Delete>组合键将刚提取出来的选区填充，填充完毕后可按<Ctrl+D>组合键取消选区，如图 4-12 所示。

10）现在"影子"的外轮廓造型已经制作出来，接下来需要让影子变得自然，需要对它作模糊处理，执行"滤镜"→"模糊"→"高斯模糊"命令，如图 4-13 所示。

图 4-12   图 4-13

系统弹出"高斯模糊"对话框并设置数值，"半径"设置为 12px，设置完毕之后单击"确定"按钮，如图 4-14 所示。

经过"高斯模糊"处理后，影子就制作完成了，如图 4-15 所示。

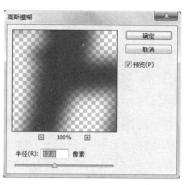

图 4-14

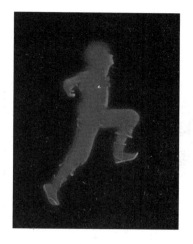

图 4-15

11）调整图层位置，来凸显影子的效果。为了便于后面的操作，使影子出现在正确的位置，首先将"原始人物"图层隐藏，并且将"影子1"层拖动到"人物1"层下方，如图 4-16 所示。

此时，人物的"影子1"制作完成，如图 4-17 所示。

图 4-16

图 4-17

任务 2　制作彩条

1）制作圆角矩形的彩色光条效果。首先，设置颜色，单击工具箱中的"前景色"按钮，设置前景色为 RGB（R：20，G：126，B：103）或直接输入"#147e67"，设置完毕后单击"确定"按钮，如图 4-18 所示。

①从工具箱中选择"圆角矩形工具"，如图 4-19 所示。

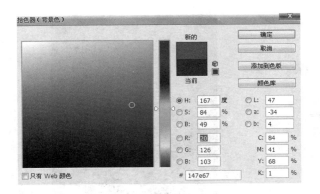

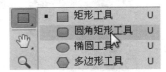

图 4-18 　　　　　　　　　　　　　　　　图 4-19

②在形状属性上设置数值，绘制一个宽度为 400px，高度为 50px 的圆角矩形，将描边关闭，其他数值参数设置如图 4-20 所示。

图 4-20

③设置完毕之后，在画面中绘制了一个圆角矩形，且"图层"面板中自动生成了一个工作路径图层"圆角矩形 1"，如图 4-21 所示。

④在"圆角矩形 1"上单击鼠标右键，在弹出的快捷菜单中选择"栅格化图层"命令，如图 4-22 所示。

图 4-21 　　　　　　　　　　　　　　图 4-22

⑤将绘制出来圆角矩形制作模糊效果，选择"滤镜"→"模糊"→"高斯模糊"命令，如图 4-23 所示。

⑥设置高斯模糊数值。"半径"数值设置为 30px，设置完毕后单击"确定"按钮，如图 4-24 所示。

图 4-23　　　　　　　　　　　　　　　　图 4-24

⑦为执行过高斯模糊的圆角矩形条添加图层样式，使色彩变得更加丰富，单击"图层"面板中的"添加图层样式"按钮，选择"外发光"命令，如图 4-25 所示。

⑧设置"外发光"的"混合模式"为"滤色"，"不透明度"为 75%，"杂色"为 0%，设置颜色值为 RGB（R：99，G：239，B：207），"扩展"为 0%，"大小"为 199px，其他使用默认值即可，设置完毕后单击"确定"按钮，如图 4-26 所示。

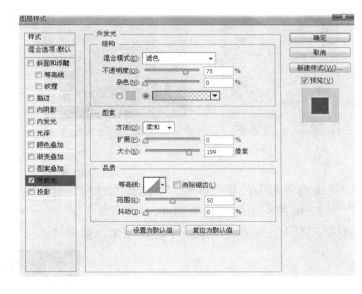

图 4-25　　　　　　　　　　　　　　　图 4-26

设置完毕之后单击"确定"按钮，矩形呈现如图 4-27 所示。

⑨此时，圆角矩形层覆盖并遮挡在"人物"和"影子 1"图层上，因此需要调整位置，将圆角矩形图层拖动至人物层下方，如图 4-28 所示。

⑩双击图层名称，修改为"彩条 1"，如图 4-29 所示。

2）接下来制作圆角矩形的彩色光条效果。单击工具箱中设置"前景色"按钮，将前景色设置为 RGB（R：32，G：169，B：169）或直接输入"#20a9a9"，设置完毕之后单击"确定"按钮，如图 4-30 所示。

图 4-27 图 4-28

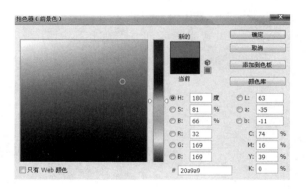

图 4-29 图 4-30

①制造绚丽的彩条效果"彩条 2",选择"圆角矩形工具",设置"宽度"为 300px、"高度"为 50px 的圆角矩形,如图 4-31 所示。

设置完毕之后在画面上绘制一个圆角矩形,如图 4-32 所示。

图 4-31 图 4-32

②设置"外发光"的"混合模式"为"滤色","不透明度"为 64%,"杂色"为 0%,"扩展"为 0%,"大小"为 131px,其他使用默认值即可,如图 4-33 所示。

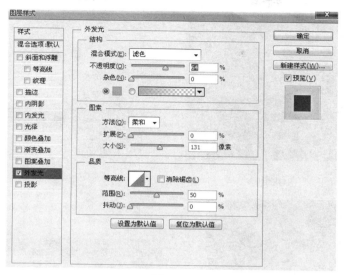

图 4-33

③设置颜色,单击工具箱中设置"前景色"按钮,将前景色设置为 RGB(R:37,G:226,B:237)或直接输入"#25e2ed",如图 4-34 所示。

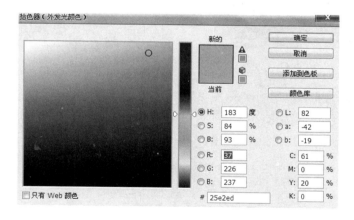

图 4-34

④设置完毕之后单击"确定"按钮,彩条呈现如图 4-35 所示。

⑤此时在矩形彩条周围还存在一个线框,为了取消该线框,需要将此矩形图层"栅格化",如图 4-36 所示。

⑥经过"栅格化"之后此工作路径已经转变成普通图层,线框被取消了,如图 4-37 所示。

⑦双击图层,将图层名称修改为"彩条 2",如图 4-38 所示。

图 4-35

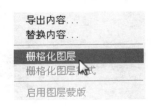

图 4-36

图 4-37

图 4-38

3）接下来制作圆角矩形的"彩条 3"。首先设置颜色，单击工具箱中设置"前景色"按钮，将前景色设置为 RGB（R：39，G：149，B：129）或直接输入"#1e9581"，设置完毕之后单击"确定"按钮，如图 4-39 所示。

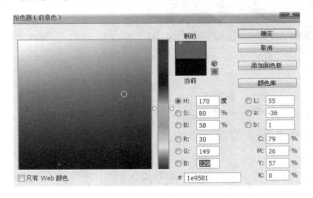

图 4-39

①再次选择"圆角矩形工具"，在弹出的对话框中设置宽度为 500px，高度为 50px，"半径"为 70px，选中"对齐边缘"复选框，设置完成后单击"确定"按钮，如图 4-40 所示。

图 4-40

②在画面中将设置好属性的"圆角矩形"绘制到画布的左侧，如图 4-41 所示。

③设置"外发光"的"混合模式"为"滤色"，"不透明度"为 75%，"杂色"为 0%，"扩展"为 20%，"大小"为 136px，"范围"为 50%，"抖动"为 0%，其他使用默认值即可，如图 4-42 所示。

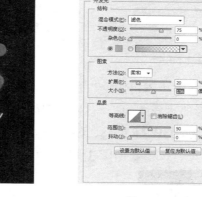

图 4-41　　　　　　　　　　　　　　图 4-42

④单击工具箱中的设置"前景色"按钮，将前景色设置为 RGB（R：39，G：238，B：196）或直接输入"#27eec4"，如图 4-43 所示。

⑤设置完毕之后单击"确定"按钮，彩条呈现如图 4-44 所示。

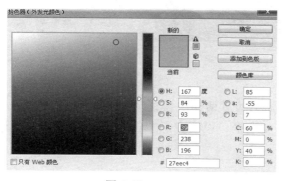

图 4-43　　　　　　　　　　　　　　图 4-44

⑥此时在矩形彩条周围还存在一个线框，要取消该线框，需要将此矩形图层"栅

格化"，如图 4-45 所示。

⑦双击图层，将图层名称修改为"彩条 3"，如图 4-46 所示。

图 4-45　　　　　　　　　　　　图 4-46

⑧将"图层"面板中"不透明度"设置为 40%，如图 4-47 所示。

4）制作圆角矩形的"彩条 4"。首先设置颜色，单击工具箱中的设置"前景色"按钮，将前景色设置为 RGB（R：48，G：206，B：197）或直接输入"#30cec5"，设置完毕之后单击"确定"按钮，如图 4-48 所示。

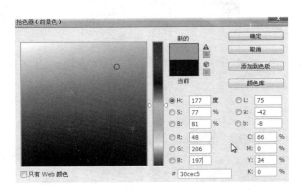

图 4-47　　　　　　　　　　　　图 4-48

①再次选择"圆角矩形工具"，在弹出的对话框中设置宽度为 400px，高度为 80px，"半径"为 60px，选中"对齐边缘"复选框，设置完后单击"确定"按钮，如图 4-49 所示。

图 4-49

②在画面中将设置好属性的"圆角矩形"绘制到画布的左侧，如图 4-50 所示。

③设置"外发光"的"混合模式"为"滤色"，"不透明度"为 75%，"杂色"为 0%，"扩展"为 20%，"大小"为 237px，"范围"为 40%，"抖动"为 43%，其他使用默认值即可，如图 4-51 所示。

图 4-50　　　　　　　　　　　图 4-51

④设置颜色，单击工具箱中的设置"前景色"按钮，将前景色设置为 RGB（R：24，G：121，B：88）或直接输入"#187958"，如图 4-52 所示。

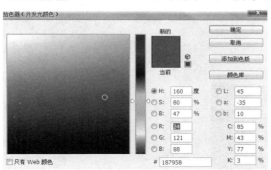

图 4-52

⑤选择菜单栏中"编辑"→"自由变换"命令或按<Ctrl+T>组合键，如图 4-53 所示。

按<Shift+↓>组合键将彩条向其下方移动 4 px，如图 4-54 所示。

⑥此时在矩形彩条周围存在线框，应该取消该线框，将此矩形图层"栅格化"，如图 4-55 所示。

双击图层，将图层名称修改为"彩条 4"，如图 4-56 所示。

⑦为了使"彩条 4"层更加自然，需要将其做进一步的柔和处理。需要先提取"彩条 4"的选区，按<Ctrl>键，单击"彩条 4"图层，此时"彩条 4"层选区被提取，选区呈浮起的状态，如图 4-57 所示。

⑧下面将提取出来的选区进行羽化，选择"编辑"→"修改"→"羽化选区"命令或按<Shift+F6>组合键，如图 4-58 所示。

图 4-53

图 4-54

图 4-55

图 4-56

图 4-57

图 4-58

在弹出的对话框中的"羽化半径"文本框中输入 30px，如图 4-59 所示。

此时选区经过羽化后发生了变化，两张选区变化的对比图，效果如图 4-60 所示。

图 4-59

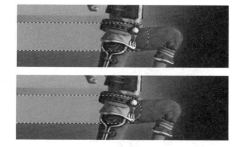

图 4-60

⑨保持选区被选中的状态下，按两次<Delete>键删除羽化的选区，经过羽化删除处理后彩条如图 4-61 所示。

5）接下来需要制作圆角矩形的"彩条 5"。首先设置颜色，单击工具箱中的设置"前景色"按钮，将前景色设置为 RGB（R：237，G：37，B：221）或直接输入"#ed25dd"，设置完毕之后单击"确定"按钮，如图 4-62 所示。

图 4-61

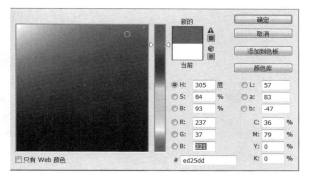

图 4-62

①再次选择"圆角矩形工具"，在弹出的对话框中设置宽度为 400px，高度为 80px，"半径"为 60px，选中"对齐边缘"复选框，设置完成后单击"确定"按钮，如图 4-63 所示。

图 4-63

②在画面中将设置好属性的"圆角矩形"绘制到画布的左侧，如图 4-64 所示。

③此时在矩形彩条周围存在一个线框，要取消该线框，需要将此矩形图层"栅格化"，如图 4-65 所示。

④双击该图层，将图层名称修改为"彩条 5"，如图 4-66 所示。

图 4-64　　　　　　　　　　图 4-65　　　　　　　　　　图 4-66

⑤下面将此颜色的"彩条 5"图层复制。按<Ctrl+J>组合键，在"图层"面板中复制出"彩条 5 副本"，如图 4-67 所示。

⑥将复制出来的"彩条 5 副本"位置在画面中进行调整，如图 4-68 所示。

图 4-67　　　　　　　　　　　　　　　图 4-68

⑦将此颜色的"彩条 5 副本"图层复制，按<Ctrl+J>组合键复制出"彩条 5 副本 2"，如图 4-69 所示。

⑧将复制出来的"彩条 5 副本 2"位置在画面中进行调整，如图 4-70 所示。

图 4-69　　　　　　　　　　　　图 4-70

6）接下来制作圆角矩形的"彩条 6"。首先设置颜色，单击工具箱中的设置"前景色"按钮，将前景色设置为 RGB（R：193，G：29，B：180）或直接输入"#c11db4"，设置完毕之后单击"确定"按钮，如图 4-71 所示。

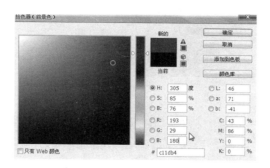

图 4-71

①再次选择"圆角矩形工具"，在弹出的对话框中设置宽度为 400px，高度为 50px，"半径"为 40px，选中"对齐边缘"复选框，设置完成后单击"确定"按钮，如图 4-72 所示。

图 4-72

②在画面中将设置好属性的"圆角矩形"绘制到画布的左侧，如图 4-73 所示。

③设置"外发光"的"混合模式"为"滤色"，"不透明度"为 75%，"杂色"为 0%，"扩展"为 0%，"大小"为 111px，"范围"为 27%，"抖动"为 0%，其他使用默认值即可，如图 4-74 所示。

图 4-73　　　　　　　　　图 4-74

④设置颜色。单击工具箱中的设置"前景色"按钮，将前景色设置为 RGB（R：193，G：106，B：202）或直接输入"#c16aca"，如图 4-75 所示。

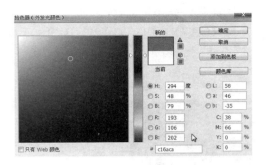

图 4-75

⑤设置完毕之后单击"确定"按钮，彩条效果如图 4-76 所示。

⑥此时在矩形彩条周围存在一个线框，要取消该线框，需要将此矩形图层"栅格化"，如图 4-77 所示。

⑦双击该图层，将图层名称修改为"彩条 6"，如图 4-78 所示。

图 4-76   图 4-77   图 4-78

7）接下来制作圆角矩形的"彩条 7"。首先设置颜色，单击工具箱中的设置"前景色"按钮，将前景色设置为 RGB（R：20，G：106，B：88）或直接输入"#146a58"，设置完毕之后单击"确定"按钮，如图 4-79 所示。

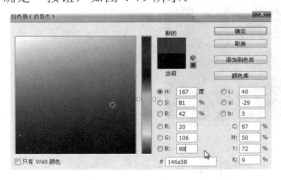

图 4-79

①再次选择"圆角矩形工具"，在弹出的对话框中设置宽度为400px，高度为50px，"半径"为40px，选中"对齐边缘"复选框，设置完成后单击"确定"按钮，如图4-80所示。

图 4-80

②在画面中将设置好属性的"圆角矩形"绘制到画布的左侧，如图4-81所示。

③将"图层"面板中此"圆角矩形层"的"不透明度"修改为40%，如图4-82所示。

④取消线框，需要将此矩形图层"栅格化"，如图4-83所示。

⑤双击该图层，将图层名称修改为"彩条7"，如图4-84所示。

图 4-81

图 4-82

图 4-83

图 4-84

8）接下来制作圆角矩形的"彩条8"。首先设置颜色，单击工具箱中的设置"前景色"按钮，将前景色设置为RGB（R：211，G：76，B：200）或直接输入"#d34cc8"，设置完毕之后单击确定按钮，如图4-85所示。

图 4-85

①再次选择"圆角矩形工具"，在弹出的对话框中设置数值，宽度为450px，高

度为 50px，"半径"为 40px，选中"对齐边缘"复选框，设置完成后单击"确定"
按钮，如图 4-86 所示。

图 4-86

②在画面中将设置好属性的"圆角矩形"绘制到画布的左侧，如图 4-87 所示。

③此时在矩形彩条周围还存在一个线框，要取消该线框，需要将此矩形图层"栅
格化"，如图 4-88 所示。

④双击该图层，将图层名称修改为"彩条 8"，如图 4-89 所示。

图 4-87　　　　　　　图 4-88　　　　　　　图 4-89

⑤打开"图层"面板，选择"外发光"复选框。设置"外发光"的"混合模式"
为"滤色"，"不透明度"为 75%，"杂色"为 0%，"扩展"为 20%，"大小"为 237px，
"范围"为 65%，"抖动"为 43%，其他使用默认值即可，如图 4-90 所示。

⑥设置颜色。单击工具箱中的设置"前景色"按钮，将前景色设置为 RGB（R：
45，G：188，B：183）或直接输入"#2dbcb7"，如图 4-91 所示。

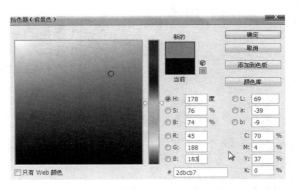

图 4-90　　　　　　　　　　　　　图 4-91

⑦设置完毕之后单击"确定"按钮，彩条呈现如图 4-92 所示。

9）接下来需要制作圆角矩形的"彩条 9"。首先设置颜色，单击工具箱中的设置"前景色"按钮，将前景色设置为 RGB（R：76，G：207，B：189）或直接输入"#4ccfbd"，设置完毕之后单击"确定"按钮，如图 4-93 所示。

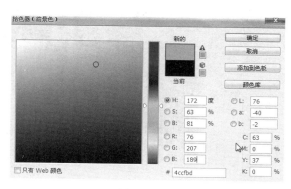

图 4-92 　　　　　　　　　　　　　　图 4-93

①选择"圆角矩形工具"，在弹出的对话框中设置宽度为 300px，高度为 40px，"半径"为 40px，选中"对齐边缘"复选框，设置完成后单击"确定"按钮，如图 4-94 所示。

图 4-94

②在画面中将设置好属性的"圆角矩形"绘制到画布的左侧，如图 4-95 所示。

③此时在矩形彩条周围还存在一个线框，要取消该线框，需要将此矩形图层"栅格化"，如图 4-96 所示。

④双击该图层，将图层名称修改为"彩条 9"，如图 4-97 所示。

图 4-95 　　　　　　　图 4-96 　　　　　　　图 4-97

10）接下来需要制作圆角矩形的"彩条 10"。首先设置颜色，单击工具箱中的设置"前景色"按钮，将前景色设置为 RGB（R：244，G：56，B：250）或直接输入"#f438fa"设置完毕之后单击"确定"按钮，如图 4-98 所示。

图 4-98

①选择"圆角矩形工具"在弹出的对话框中设置宽度为 300px，高度为 30px，"半径"为 30px，选中"对齐边缘"复选框，设置完成后单击"确定"按钮，如图 4-99 所示。

图 4-99

②在画面中将设置好属性的"圆角矩形"绘制到画布的左侧，如图 4-100 所示。

③此时在矩形彩条周围还存在一个线框，要取消该线框，需要将此矩形图层"栅格化"，如图 4-101 所示。

图 4-100

图 4-101

④双击该图层，将图层名称修改为"彩条 10"，如图 4-102 所示。

⑤将"图层"面板中"彩条 10"层中的"不透明度"调整为 68%，如图 4-103 所示。

图 4-102　　　　　　　　　　　　图 4-103

⑥选择"图层"面板，复制"彩条 10"图层，选中"图层"面板中"彩条 10"图层，按<Ctrl+J>组合键复制出"彩条 10 副本"，如图 4-104 所示。

选择"彩条 10 副版本"将"不透明度"设置为 30%，如图 4-105 所示。

执行过上述处理之后，效果如图 4-106 所示。

图 4-104　　　　　　　　图 4-105　　　　　　　　图 4-106

11）接下来制作圆角矩形的"彩条 11"。首先设置颜色，单击工具箱中的设置"前景色"按钮，将前景色设置为 RGB（R：97，G：223，B：230）或直接输入"#61dfe6"，设置完毕之后单击"确定"按钮，如图 4-107 示。

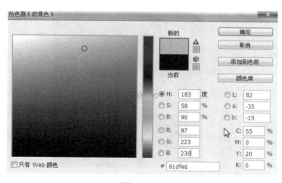

图 4-107

①选择工具箱中的"矩形选框工具"设置其属性，样式中选择为"固定大小"，"宽度"设置为500px，"高度"设置为180px，如图4-108所示。

图 4-108

②在画布中绘制一个矩形，如图4-109所示。

③对选区进行羽化，选择"编辑"→"修改"→"羽化选区"命令或配合使用<Shift+F6>组合键，如图4-110所示。

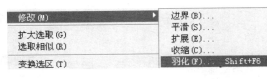

图 4-109　　　　　　　　　　　　图 4-110

④在弹出的"羽化选区"对话框，将数值设置为60px，如图4-111所示。

⑤经过羽化的选区效果如图4-112所示。

⑥选择"图层"面板，按键盘<Ctrl+Shift+N>组合键新建一个图层，双击鼠标将图层名称修改为"彩条11"，如图4-113示。

图 4-111　　　　　　　　图 4-112　　　　　　　　图 4-113

⑦将之前设置好的前景色，填充"彩条 11"上的当前选区，按<Alt+Delete>组合键填充前景色，填充完毕画面如图 4-114 示。

⑧按<Ctrl+D>组合键取消选区，将"彩条 11"图层面板中的"不透明度"设置为45%，如图 4-115 示。

图 4-114　　　　　　　　　　　　　图 4-115

⑨选择"彩条 9"图层，将此图层的"不透明度"设置为 45%，如图 4-116 所示。
⑩经过上面的设置后，此时图层呈现如图 4-117 所示。

图 4-116　　　　　　　　　　　　图 4-117

12）依照上述相同的方法，调整各个彩条图层的不透明度，并制作出多个不同颜色、不同粗细的彩条，通过不透明度以及不同数值扩展范围的图层样式来形成视觉上的远近层次感，如图 4-118 所示。

①将"图层"面板中所有的彩条图层链接在一起，选择"图层"→"图层编组"命令或按<Ctrl+G>组合键，如图 4-119 所示。

图 4-118

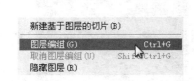

图 4-119

②此时在"图层"面板中生成了一个组，双击该组修改名称为"彩条"，如图 4-120 所示。

③导入素材使背景变得更加丰富，选择"文件"→"打开"命令或按<Ctrl+O>组合键打开素材图片，如图 4-121 所示。

图 4-120

图 4-121

任务 3　制作背景

1）单击将图层名称修改为"素材 1"，并且将其拖动到"彩条"组上方，如图 4-122 所示。

2）设置"素材 1"层与"彩条"组图层混合模式为"叠加"，"不透明度"设置为 37%，如图 4-123 所示。

图 4-122   图 4-123

3）制作影子的层次感，按<Ctrl+J>组合键复制"影子 1"层，得到"影子 1 副本"图层，如图 4-124 所示。

4）选择"影子 1 副本"为其添加图层样式"外发光"，"混合模式"为"滤色"，"不透明度"为 75%，"杂色"为 0%，如图 4-125 所示。

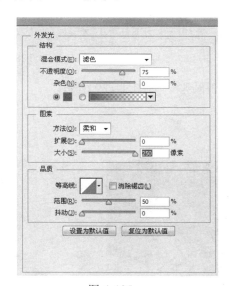

图 4-124   图 4-125

5）设置颜色为 RGB（R：229，G：75，B：213）或输入"#e54bd5"，设置完毕后单击"确定"按钮，如图 4-126 所示。

6）此时人物影子被扩大了并增加了一些色彩，通过改变"图层"面板中的"不透明度"数值，使影子变得更加自然，将"不透明度"设置为 72%，如图 4-127 所示。

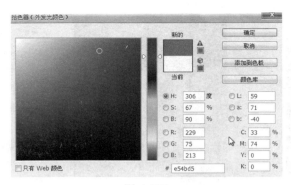

图 4-126   图 4-127

任务 4   制作彩球装饰

1）制作装饰性的光球。按<Ctrl+Shift+N>组合键，新建一个图层，双击图层将图层名称改为"彩球 1"。选择工具箱中的"圆形选区"工具，按住<Shift>键，绘制一个正圆形选区，"样式"选择为"固定大小"，"宽度"为 45px，"高度"为 45px，如图 4-128 所示。

图 4-128

制作一个正圆形，如图 4-129 所示。

②执行"选择"→"修改"→"羽化"命令，数值设置为 5，如图 4-130 所示。

图 4-129   图 4-130

③填充羽化过的圆形选区。首先设置颜色为 RGB（R：104，G：131，B：192）或直接输入数值"#6883c0"，如图 4-131 所示。

④将羽化过的选区进行填充，调整大小，摆放在人物胳膊位置，执行"编辑"→"自由变换"命令或按<Ctrl+T>组合键对人物大小进行调整，调整完毕后如图 4-132 所示。

2）依照相同的方法也可以绘制多个彩球，并设置不同的大小和颜色，或者通过<Ctrl+C>组合键复制，粘贴得到多个彩球，形成画面如图 4-133 所示。

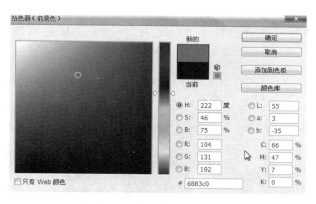

图 4-131

图 4-132

图 4-133

执行"图层"→"图层编组"命令或按<Ctrl+G>组合键建立组，并命名为"彩球"，如图 4-134 所示。

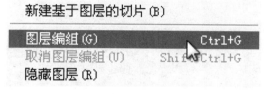

图 4-134

任务 5　制作画面空间感

1）为了使画面中的人物表现得更加突出，需要复制图层从而制作出空间感。选择"人物 1"图层，按<Ctrl+J>组合键将其复制得到"人物 1 副本"，将此副本层放在"人物 1"层的下方，如图 4-135 所示。

①选择"人物 1 副本"图层，为其添加外发光图层样式。颜色设置为 RGB（R：239，G：239，B：126）或直接输入"#efef7e"，设置完毕后单击"确定"按钮，如图 4-136 所示。

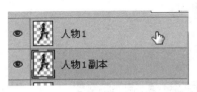

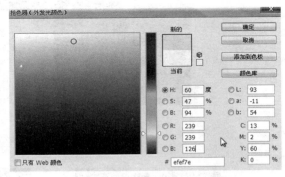

图 4-135　　　　　　　　　　　　　　　　　图 4-136

②为其添加"外发光"样式，"方法"为"柔和"，"扩展"为 0%，"大小"为 43px，"范围"为 50%，"抖动"为 0%，其他数值使用默认值，设置完毕后单击"确定"按钮，如图 4-137 所示。

③在"图层"面板中将此图层的"不透明度"设置为 18%，如图 4-138 所示。

④执行"编辑"→"自由变换"命令或按<Ctrl+T>组合键，如图 4-139 所示。

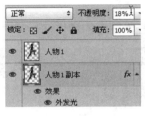

图 4-137　　　　　　　图 4-138　　　　　　　图 4-139

⑤将此图层中的人物左移 3px，形成重影效果，如图 4-140 所示。

2）依照相同的方法制作出多个人物副本，通过不透明度的调整来实现人物重影效果，如图 4-141 所示。

图 4-140　　　　　　　　　　　图 4-141

①按<Shift>键加鼠标左键多选，将复制出来的所有"人物 1 副本 1""人物 1 副本 2""人物 1 副本 3""人物 1 副本 4"全部选中，单击"图层"面板中的"链接"按钮，将它们都链接在一起，如图 4-142 所示。

②执行　"图层"→"图层编组"命令，或按<Ctrl+G>组合键，如图 4-143 所示。

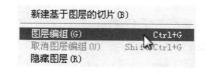

图 4-142　　　　　　　　　　图 4-143

③双击鼠标，将新建立的组名称修改为"人物"，如图 4-144 所示。

④将图片素材"材质球"拖动到画布中，将其置于"人物"层的上方，如图 4-145 所示。

⑤在"图层"面板中设置图层"混合模式"为"叠加"，"不透明度"为 50%，如图 4-146 所示。

⑥效果如图 4-147 所示。

图 4-144　　　　　　　　　　图 4-145

图 4-146　　　　　　　　　　图 4-147

⑦将"原始人物"层显示，并且拖动到所有图层上方，如图 4-148 和图 4-149 所示。

图 4-148　　　　　　　　　　图 4-149

3）输入文字装饰，双击鼠标将图层名称修改为"logo"，如图 4-150 所示。

①选择"logo"图层，打开"图层"面板，为其添加"外发光"图层样式，"混合模式"为"滤色"，"不透明度"为 75%，"杂色"为 0%，颜色设置为 RGB（R：180，G：82，B：208）或直接输入"#b452d0"，设置完毕后单击"确定"按钮，如图 4-151 所示。

图 4-150

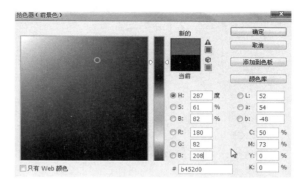

图 4-151

"方法"设置为"柔和"，"扩展"为 0%，"大小"为 9px，"范围"为 50%，"抖动"为 0%，其他使用默认值，设置完毕后单击"确定"按钮，如图 4-152 所示。

②按<Ctrl+S>组合键，选择一个路径保存即可，如图 4-153 所示。

图 4-152

图 4-153

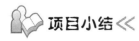 项目小结 ≪

通过本项目的学习，掌握如何运用 Photoshop 软件制作杂志内页设计。杂志中内页设计是以《侠岚》动画中的主角辗迟为素材，添加彩色条纹背景，使效果绚丽多彩。

实战演练 ≪

制作《数字娱乐》杂志内页设计。要求：

①熟练运用所学命令完成前景及背景制作，注意前、后景的主次关系。

②运用所学知识制作具有设计感的装饰元素融入到整体设计中。

③作品的色调完整统一。

项目 5   制作《侠岚》画册

项目描述 ≪

本项目制作的是《侠岚》画册封面，《侠岚》传承并弘扬中华传统文化，体现"成长、奋斗和爱"这一主题。采用中国的传统水墨风格为背景，4 人海报中脚底熊熊燃烧的烈火，表现出主人公坚韧的性格，水墨、烟雾、烈火结合形成了《侠岚》画册封面设计。效果如图 5-1 所示。

图 5-1

项目分析 ≪

本项目主要包括以下几方面技术要点：

1）绘制背景。使用"画笔工具"中的水墨笔刷制作背景，利用滤镜和图层混合模式将笔刷细致。

2）调整封面人物。利用"自由变换工具"调整人物素材大小，并制作人物投影。

3）制作封底和调整画册空间感。通过复制图层，旋转并调整图像大小从而形成画册的封底。

本项目的制作分为以下 3 个任务来逐步完成。

任务 1	绘制背景
任务 2	调整封面人物
任务 3	制作封底和调整画册空间感

项目教学及实施建议：32 学时。

 **知识准备**

1）水墨"画笔工具"使用以及画笔预设的设置：Photoshop 软件左侧工具栏中 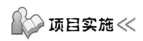或者按<B>键。

2）滤镜中分层云彩滤镜的使用：在 Photoshop 主菜单中选择"滤镜"→"渲染"→"云彩"命令。

3）"涂抹工具"的使用：使用 Photoshop 软件左侧工具栏中的。

4）渐变色的设置和应用：Photoshop 软件左侧工具栏中或者按<G>键。

5）色相饱和度的使用：在 Photoshop 主菜单中选择"图像"→"调整"→"色相/饱和度"命令或者按<Ctrl+U>组合键。

6）"图层"面板中投影的设置：选择图层，单击鼠标右键，在弹出的快捷菜单中，选择"混合选项"命令。

项目实施 <<

任务 1 绘制背景

1）执行"文件"→"新建"命令或按<Ctrl+N>组合键，打开"新建"对话框，文件名称为"画册"，设置"宽度"为 15cm，"高度"为 22cm，"分辨率"为 100ppi，"颜色模式"为 RGB，8 位数通道，"背景内容"为"白色"，其他使用默认值，如图 5-2 所示。

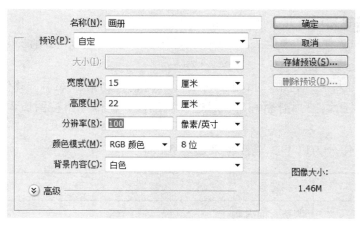

图 5-2

2）要使用画笔制作水墨的背景。首先要设置颜色，单击工具栏中"前景色"按钮，在弹出的"拾色器"对话框中将数值设置为 RGB（R：163，G：226，B：12）或直接输入"#a3e20c"，设置完毕之后单击"确定"按钮，如图 5-3 所示。

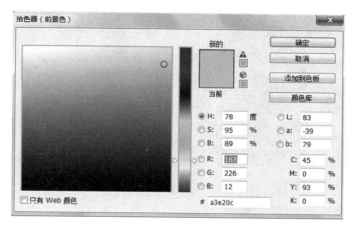

图 5-3

3）单击背景色，在弹出的"拾色器"对话框中将背景色中数值设置为 RGB（R：181，G：249，B：247）或直接输入"#b5f9f7"，设置完毕之后单击"确定"按钮，如图 5-4 所示。

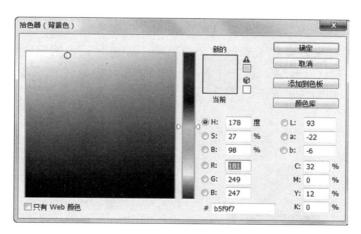

图 5-4

4）选择"画笔工具"，在画笔类型中选择毛笔笔刷，打开画笔预设，设置"大小"为 725px，选中"翻转 Y"轴复选框，"角度"为 9°，"圆度"为 100%，"间距"为 76%，如图 5-5 所示。

5）为了方便后续的修改和制作，不在背景层上绘制笔刷。单击"图层"面板中的新建图层按钮，或按<Ctrl+Shift+N>组合键，新建一个图层，在画布中将设置好的笔刷和颜色画在画布稍偏向左侧的位置上，如图 5-6 所示。

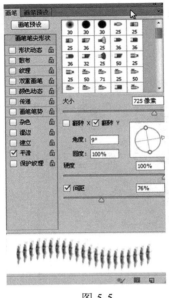

图 5-5

图 5-6

6）双击图层并将名称修改为"画笔 1"，按<Ctrl>键单击"画笔 1"图层，将"画笔 1"图层的选区提取出来，画笔周围呈现浮起的选区，如图 5-7 所示。

7）接下来要复制出一个图层，与原始的"画笔 1"层混合在一起从而形成新的图层效果。按<Ctrl+J>组合键，复制得到"画笔 1 副本"，按<Ctrl>键单击图层"画笔 1 副本"图层，将"画笔 1"图层的选区提取出来，保持选区被选中的状态下，即选区是浮起的状态，通过设置分层云彩滤镜使"画笔 1 副本"层上的笔刷变得丰富，选择"滤镜"→"渲染"→"分层云彩"命令，如图 5-8 所示。设置完成之后，按<Ctrl+D>组合键取消选区，如图 5-9 所示。

图 5-7

图 5-8

8）将"画笔 1"图层和"画笔 1 副本"图层的"混合模式"设置为"强光"，如图 5-10 和图 5-11 所示。

9）为了制作多层次的画笔质感效果需要再次复制图层，按<Ctrl+J>组合键复制得到"画笔 1 副本 2"，此时将"画笔 1 副本 2"图层和"画笔 1 副本"图层的图层"混合模式"设置为"亮光"，"不透明度"设置为 45%，如图 5-12 所示。

10）单击背景图层前面的小眼睛按钮，将背景层隐藏，然后单击"画笔 1 副本 2"图层，把除了背景图层以外的所有图层合并，按<Ctrl+Shift+E>组合键，合并所有可见图层，如图 5-13 所示。

图 5-9　　　　　　　　　　　　　　　　图 5-10

图 5-11　　　　　　　　图 5-12　　　　　　　　图 5-13

11）制作"画笔 2"。首先设置颜色，单击工具栏中"前景色"按钮，在弹出的"拾色器"对话框中将数值设置为 RGB（R：211，G：101，B：33）或直接输入"#d36521"，设置完毕之后单击"确定"按钮，如图 5-14 所示。

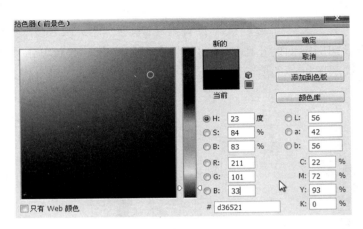

图 5-14

12）在"画笔 1"图层上新一个图层，双击该图层将图层名称修改为"画笔 2"，如图 5-15 所示。

13）选择"画笔工具"，在画笔的类型中选择毛笔笔刷，打开画笔预设，设置"大小"为 700，选中"翻转 Y"轴复选框，"角度"为 9°，"圆度"为 100%，"间距"为 76%，如图 5-16 所示。

图 5-15

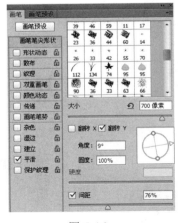

图 5-16

14）在新建的"画笔 2"图层上，将设置好的颜色和笔刷效果绘制在画布中，如图 5-17 所示。

15）按<Ctrl>键单击"画笔 2"图层，将"画笔 2"图层的选区提取出来，画笔周围呈现浮起的选区，按<Ctrl+J>组合键，通过复制得到图层，并将图层名称修改为"画笔 2 副本"，如图 5-18 所示。

图 5-17　　　　　　　　　　　　　图 5-18

16）按<Ctrl>键单击"画笔 2"图层，将"画笔 2"图层的选区提取出来，如图 5-19 所示。

17）保持选区在被选中的状态下，即选区是浮起的状态，通过设置分层云彩滤镜使"画笔 2"图层上的笔刷变得丰富，如图 5-20 所示。

图 5-19　　　　　　　　　　　　　图 5-20

18）按<Ctrl+D>组合键取消选区，执行分层云彩后图片呈现如图 5-21 所示。

19）将"画笔 2"图层和"画笔 2 副本"图层的"混合模式"设置为"强光"，如图 5-22 所示。

20）为了制作多层次的画笔质感效果需要再次复制图层，选择"画笔 2 副本"图层，按<Ctrl+J>组合键复制得到"画笔 2 副本副本"，此时将"画笔 2 副本副本"层和"画笔 2 副本"层的图层"混合模式"设置为"强光"，"不透明度"设置为 45%，如图 5-23 所示。

图 5-21　　　　　　　　　图 5-22　　　　　　　　图 5-23

21）经过图层"混合模式"调整后，此时图片呈现效果如图 5-24 所示。

22）单击"背景图层"和"画笔 1"图层前面的小眼睛按钮，将"背景图层"和"画笔 1"层隐藏，然后单击"画笔 2"图层，把除了"背景图层"和"画笔 1"图层以外的所有可见图层合并，合并完毕后效果如图 5-25 所示。

图 5-24　　　　　　　　　　　　图 5-25

23）制作画笔 3。首先设置颜色，单击工具箱中的"前景色"按钮，在弹出的"拾色器"对话框中设置数值为 RGB（R：169，G：53，B：123）或直接输入"#a9357b"，设置完毕单击"确定"按钮，如图 5-26 所示。

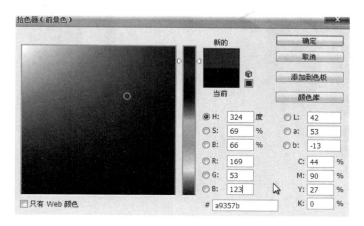

图 5-26

24）在"画笔 2"图层上新建一个图层，双击该图层将名称修改为"画笔 3"，如图 5-27 所示。

25）选择"画笔工具"，在画笔的类型中选择毛笔笔刷，打开画笔预设，将"大小"设置为 700px，选中"翻转 Y"轴复选框，"角度"为 9°，"圆度"为 100%，"间距"为 76%，如图 5-28 所示。

图 5-27

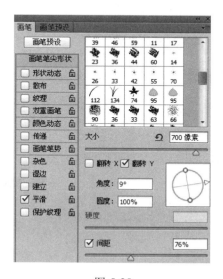

图 5-28

26）在新建的"画笔 3"图层上将设置好的颜色和笔刷效果绘制在画布中，如图 5-29 所示。

27）按<Ctrl>键单击"画笔 3"图层，将"画笔 3"图层的选区提取出来，如图 5-30 所示。

图 5-29   图 5-30

28）保持周围呈现浮起选区状态下，按<Ctrl+J>组合键，通过复制得到图层，并将图层名称修改为"画笔 3 副本"，如图 5-31 所示。

29）按<Ctrl>键单击"画笔 3"图层，将"画笔 3"图层的选区提取出来，保持选区被选中的状态，即选区是浮起的状态，通过设置分层云彩滤镜使"画笔 3"层上的笔刷变得丰富，如图 5-32 所示。

图 5-31   图 5-32

30）按<Ctrl+D>组合键取消选区，执行分层云彩后图片呈现效果如图 5-33 所示。

31）将"画笔 3"图层和"画笔 3 副本"图层的"混合模式"设置为"强光"，如图 5-34 所示。

图 5-33   图 5-34

32）为了制作多层次的画笔质感效果需要再次复制图层，选择"画笔 3 副本"图层，按<Ctrl+J>组合键复制得到"画笔 3 副本副本"，将"画笔 3 副本副本"层和"画笔 3 副本"层的"混合模式"设置为"强光"，"不透明度"设置为 45%，如图 5-35所示。

33）经过图层"混合模式"调整后，此时图片呈现效果如图 5-36 所示。

图 5-35   图 5-36

34）单击"背景""画笔 1"和"画笔 2"图层前面的小眼睛按钮，将 3 个图层隐藏，如图 5-37 所示。

35）单击"画笔 3"图层，将除了"背景""画笔 1"和"画笔 2"层以外的所有图层合并，将其他图层显示，如图 5-38 所示。

图 5-37   图 5-38

36）接下来制作"画笔 4"。首先设置颜色，单击工具箱中的"前景色"按钮，在弹出的"拾色器"对话框中将数值设置为 RGB（R：103，G：190，B：44）或直接输入"#67be2c"，设置完毕单击"确定"按钮，如图 5-39 所示。

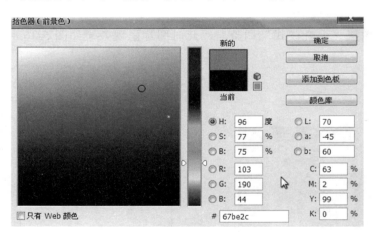

图 5-39

37）在"画笔 4"图层上，按<Ctrl+Shift+N>组合键，新建一个图层，双击该图层将名称修改为"画笔 4"，如图 5-40 所示。

38）选择"画笔工具"，在画笔的类型中选择毛笔笔刷，打开画笔预设，设置"大小"为 700px，选中"翻转 Y"轴复选框，"角度"为 9°，"圆度"为 100%，"间距"为 76%，如图 5-41 所示。

39）在新建的"画笔 4"图层上，将设置好的颜色和笔刷效果绘制在画布中，如图 5-42 所示。

40）按<Ctrl>键单击"画笔 4"图层，将"画笔 4"图层的选区提取出来，如图 5-43 所示。

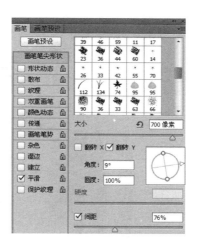

图 5-40

图 5-41

图 5-42

图 5-43

41）保持周围呈现浮起的选区状态下，按<Ctrl+J>组合键，通过复制得到图层，并将图层名称修改为"画笔 4 副本"，如图 5-44 所示。

42）按<Ctrl>键单击"画笔 4"图层，将"画笔 4"图层的选区提取出来，保持选区被选中的状态下，通过设置分层云彩滤镜使"画笔 4"图层上的笔刷变得丰富，如图 5-45 所示。

43）按<Ctrl+D>组合键取消选区，执行分层云彩后图片呈现效果如图 5-46 所示。

44）将"画笔 4"图层和"画笔 4 副本"图层的"混合模式"设置为"强光"，如图 5-47 所示。

图 5-44   图 5-45

图 5-46   图 5-47

45）为了制作多层次的画笔质感效果需要再次复制图层，选择"画笔 4 副本"图层，按<Ctrl+J>组合键通过复制得到"画笔 4 副本副本"，将"画笔 4 副本副本"图层和"画笔 4 副本"图层的"混合模式"设置为"强光"，"不透明度"设置为 45%，如图 5-48 所示。

46）经过图层"混合模式"调整后，图片呈现效果如图 5-49 所示。

图 5-48   图 5-49

47）单击"背景""画笔 1""画笔 2""画笔 3"图层前面的小眼睛按钮，将 4 个图层隐藏，如图 5-50 所示。

48）单击"画笔 4"图层，把除了"背景""画笔 1""画笔 2""画笔 3"层以外的所有可见图层合并，如图 5-51 所示。

49）4 个装饰性的水墨笔刷已经制作完毕，接下来进一步来调整这些水墨笔刷使之对比更加强烈，形成大小错落有致的空间感。

选择"画笔 1"层，在其上方按<Ctrl+Shift+N>组合键，新建一个图层并双击将名称修改为"画笔 1 颜色"，如图 5-52 所示。

图 5-50   图 5-51   图 5-52

50）在绘制之前，首先设置颜色，单击工具箱中"前景色"按钮，在弹出的"拾色器"对话框的中将值设置为 RGB（R：1，G：1，B：189）或者直接输入"#0101bd"，设置完毕单击"确定"按钮，如图 5-53 所示。

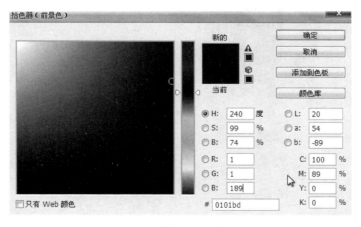

图 5-53

51）选择"画笔工具"，在画笔的类型中选择毛笔笔刷，打开画笔预设，将"大小"设置为 500px，选中"翻转 Y"轴复选框，"角度"为 9°，"圆度"为 100%，"间距"为 76%，如图 5-54 所示。

52）设置完毕之后在"画笔 1"的左下角绘制一个画笔，如图 5-55 所示。

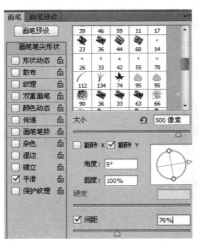

图 5-54   图 5-55

53）在"图层"面板中将"画笔 1"和"画笔 1 颜色"两个图层的"混合模式"设置为"叠加"，如图 5-56 所示。

54）选择工具箱中的"加深工具"，如图 5-57 所示。

图 5-56   图 5-57

55）使用"加深工具"，在水墨"笔画 1"层上原来较深的颜色位置处单击，使之对比变得更加明显，如图 5-58 所示。然后选择"减淡工具"，如图 5-59 所示。

图 5-58　　　　　　　　　　　　　　　　图 5-59

56）使用"减淡工具"，在水墨"笔画 1"层上原来较浅的颜色位置处单击，使之对比变得更加明显，如图 5-60 所示。

57）接下来为了使其对比更加明显，执行"图像"→"调整"→"色阶"命令或按<Ctrl+L>组合键，如图 5-61 所示。

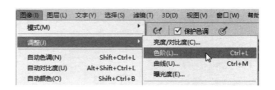

图 5-60　　　　　　　　　　　　　　　　图 5-61

58）系统弹出"色阶"对话框，选择输入色阶，按照从左至右的顺序设置数值分别为：第一个点为 16，第二个点为 1.18，第三个点为 203，输出色阶为 255，如图 5-62 所示。

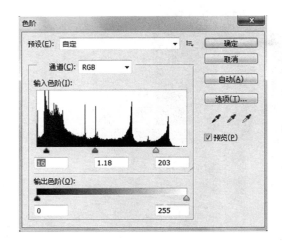

图 5-62

调整完毕后如图 5-63 所示。

59）单击"画笔 1 颜色"图层，按住<Shift>键，将"画笔 1"层和"画笔 1 颜色"图层链接在一起，如图 5-64 所示。

图 5-63   图 5-64

60）执行"编辑"→"自由变换"命令或按<Ctrl+T>组合键，如图 5-65 所示。

将"画笔 1"进行自由变换，如图 5-66 所示。

图 5-65

图 5-66

61）依照上述相同的方法，把"画笔 2""画笔 3""画笔 4"作相应的处理，如图 5-67 所示。

62）接下来使用"移动工具"选择不同图层上的水墨笔刷来调整其位置，如图 5-68 所示。

图 5-67

图 5-68

63）接下来学习如何调整画面中现有的笔刷颜色，画面中已经有个绿色的水墨笔刷。需要对现有的颜色作出调整，选择"画笔 4"图层，执行"图像"→"调整"→

"色相饱和度"命令或按<Ctrl+U>组合键，如图 5-69 所示。

图 5-69

64）系统弹出"色相/饱和度"对话框，将"色相"设置为-113，"饱和度"为+28，"明度"为 0，如图 5-70 所示。

图 5-70

65）设置了色相/饱和度之后图像原本的绿色就被修改成了红色，如图 5-71 所示。

66）根据新增加的红颜色笔刷来调整其他笔刷的大小和位置，调整完毕后如图 5-72 所示。

图 5-71

图 5-72

67）将"画笔 1""画笔 2""画笔 3"和"画笔 4"等，除背景图层以外的所有笔刷图层全部链接在一起,执行"图像"→"图层编组"命令,如图5-73所示。

68)此时"图层"面板中生成了一个工作组,双击此工作组修改名称为"画笔",如图5-74所示。

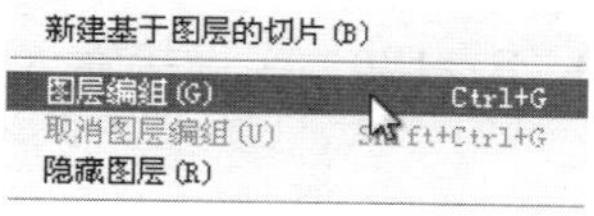

图5-73

图5-74

任务2 调整封面人物

1)分别选择4个人物,将人物拖动到画布中摆放在不同的图层,如图5-75所示。

2)按<Shift>键,将所有人物图层选中,应用"图层"面板中的链接按钮,使其全部链接,并按<Ctrl+G>组合键群组在一起,如图5-76所示。

图5-75

图5-76

群组文件夹命名为"人物素材",如图5-77所示。

图 5-77

3）设置前景色为 RGB（R：126，G：126，B：126）或直接输入"#7e7e7e"，如图 5-78 所示，设置背景色为 RGB（R：170，G：170，B：170）或直接输入"#aaaaaa"，如图 5-79 所示。

图 5-78

图 5-79

4）按<Ctrl+Shift+N>组合键，新建一个图层，图层名称修改为"阴影 1"，选择"椭圆形选区工具"在"阴影 1"层上面绘制一个椭圆形选区，然后选择"渐变工具"，将刚设置的渐变颜色填充到该选区上，并将此图层拖动到"人物素材"图层的下方，如图 5-80 所示。

5）按照上述方法，通过复制图层复制出"阴影 1""阴影 2""阴影 3"图层，按
<Ctrl+T>组合键调整阴影大小，摆放在人物脚下，并将所有的阴影层链接在一起，按
<Ctrl+G>组合键组合在一起，如图 5-81 所示。

图 5-80   图 5-81

6）新建图层，将名称修改为"渐变"，设置前景色为 RGB（R：147，G：197，B：
228），也可以直接输入"#bfc5e4"，如图 5-82 所示。

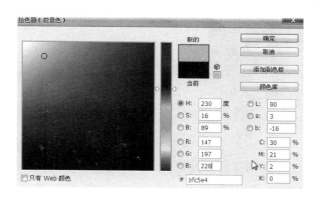

图 5-82

①设置背景色为 RGB（R：248，G：255，B：170），也可以直接输入"#f8ffaa"，如
图 5-83 所示。

②选择"渐变工具"，渐变类型选择"线性渐变"，如图 5-84 所示。

③在画布中由上至下拖动将刚设置好的渐变应用到画布中，如图 5-85 所示。

7）按<Ctrl+O>组合键打开一张素材背景图片并拖动到舞台中，将图层名称修改为"素
材1"，按<Ctrl+T>组合键进行自由变换，如图 5-86 所示。

111

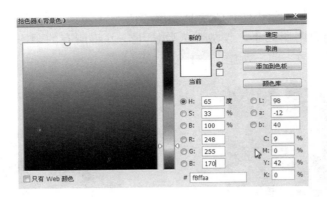

图 5-83

图 5-84

图 5-85　　　　　　　　　　　　　　图 5-86

①调整缩放后摆放在人物背后，此时能看到有明显的图片棱角并没有完全融合，如图 5-87 所示。

②将"素材 1"层与"渐变"层色相融合使其边缘变得模糊细腻，选择工具箱中的"涂抹工具"，如图 5-88 所示。

③选择棱角较为明显的位置对图片进行涂抹，如图 5-89 所示。

④对于投影层也进行相应的处理，使投影图层与"素材 1"图层融合在一起，如图 5-90 所示。

8）按<Ctrl+O>组合键，打开一张火焰图片，将其拖动到画布中，并将图层名称命名为"素材 2"，将此图层放置在"素材 1"图层上，如图 5-91 所示。

将"渐变"图层的"不透明度"设置为 37%，如图 5-92 所示。

图 5-87

图 5-88

图 5-89

图 5-90

图 5-91

图 5-92

9）选择中间站立的"辗迟"图层，为其添加图层样式，"混合模式"为滤色，"不透明度"为 75%，"扩展"为 0，"大小"为 27px，其他数值使用默认值，如图 5-93 所示。

图 5-93

10）将 logo 拖动至画布中，使用"涂抹工具"以及"变换工具"，将"素材 1"图片修正，并调整人物大小，如图 5-94 所示。

图 5-94

11）使用<Ctrl+Alt+Shift+E>组合键，合并所有可见图层，将所有可见图层合并在一起并生成新的图层，如图 5-95 所示。

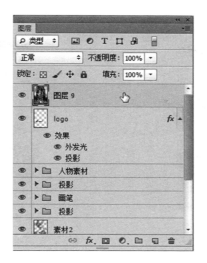

图 5-95

任务 3　制作封底和调整画册空间感

1）按<Ctrl+N>组合键新建文件"画册完成篇"，将文档大小设置为"宽度"为 16cm，"高度"为 15cm，"分辨率"为 100ppi，"颜色模式"为 RGB，8 位数通道，"背景内容"为"白色"，其他使用默认值，如图 5-96 所示。

图 5-96

2）将"画册设计"文件中盖印的图层拖动到新的"画册完成篇"画布中，通过"自由变换工具"调整为合适的大小摆放在画布中，如图 5-97 所示。

①按<Ctrl+T>组合键将图片向左面旋转，呈现效果如图 5-98 所示。

②再次应用"自由变换工具"的"斜切"，如图 5-99 所示。

③将图层名称修改为"画册 1"，调整完毕后效果如图 5-100 所示。

④将工具箱中的前景色设置为 RGB（R：196，G：190，B：185）或者输入"#c4beb9"，如图 5-101 所示。

图 5-97

图 5-98

图 5-99

图 5-100

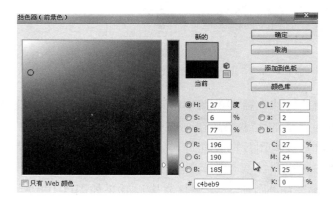

图 5-101

⑤将工具箱中的前景色设置为 RGB（R：254，G：255，B：254）或者输入"#fefffe"，如图 5-102 所示。

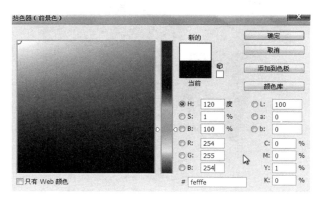

图 5-102

3）选择"渐变工具"，径向渐变，从左上角拖动至右下角，将设置好的渐变应用到背景层中，如图 5-103 所示。

将此图层复制得到图层"画册 1 副本"，如图 5-104 所示。

图 5-103　　　　　　　　　图 5-104

4）按<Ctrl>键单击"画册 1 副本"调出选区，工具箱中的前景色设置为 RGB（R：167，G：55，B：48）并按快捷键<Alt+Delete>填充前景色，如图 5-105 所示。

①选择 "编辑"→"描边"命令，如图 5-106 所示。

②"描边"选项组中的"宽度"设置为"5 像素"，"颜色"是白色，"位置"为"居中"，"混合"选项组中的"模式"为"正常"，"不透明度"为 100%，如图 5-107 所示。

③描边后画布呈现效果如图 5-108 所示。

5）将背景层隐藏，按<Ctrl+Shift+N>组合键，新建一个图层，将图层名称修改为"渐变"，按<Ctrl>键调出选区，将 logo 拖动到画布中，通过"自由变换工具"把文字摆放到红色矩形上，如图 5-109 所示。

图 5-105

图 5-106　　　　　　　　　　　　　　　图 5-107

图 5-108

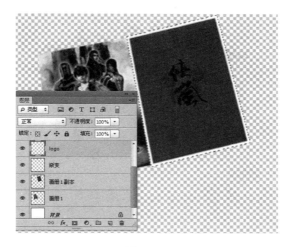

图 5-109

①设置黑色到透明的渐变，如图 5-110 所示。

图 5-110

②将设置好的渐变颜色在选区内由右至左拖动，如图 5-111 所示。

③将图层"渐变"的"不透明度"设置为 43%，如图 5-112 所示。

④将"画册封面"拖动到画布中，并将图层名称修改为"画册 2"，如图 5-113 所示。

6）按<Ctrl>键调出"画册 2"，按<Ctrl+Shift+N>组合键，新建一个图层，将图层名称修改为"渐变 2"，如图 5-114 所示。

图 5-111

图 5-112

图 5-113

①设置两个渐变点，由深灰色到浅灰色的渐变，如图 5-115 所示。

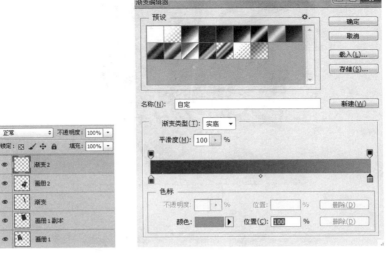

图 5-114　　　　　　　　　　　　图 5-115

②将渐变色填充到选区中，如图 5-116 所示。

图 5-116

③将"渐变 2"层拖动到"画册 2"层下，如图 5-117 所示。

7）为"画册 1"层添加图层样式，选择投影，混合模式为"正片叠底"，"不透明度"为 75%，"角度"为 120，"距离"为 5px，"扩展"为 0%，"大小"为 5px，其他数值使用默认值，如图 5-118 所示。

8）对"画册 2"也执行相同的操作，按<Ctrl+S>组合键，选择一个路径保存，此例子完成，效果如图 5-119 所示。

图 5-117

图 5-118

图 5-119

项目小结 «

通过本项目的学习，了解如何运用 Photoshop 软件制作《侠岚》画册封面设计，用软件绘制中国的传统水墨效果作为背景，4 人海报中脚底下熊熊燃烧的烈火，表现出主人公的坚韧性格，水墨、烟雾、烈火相融合，更加突显人物性格。

 实践演练 «

制作水墨 CG 画册。要求：

①熟练运用所学命令完成水墨效果背景制作。

②可自行选择素材图片，例如，《侠岚》中的 Q 版人物或自己拍摄的照片等。

③背景图片处理与整体照片色彩搭配和谐统一。

④正确使用描边命令表现出画册立体感。

项目 6　制作 3D 立体文字效果

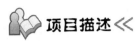 **项目描述** ≪

本项目制作的是 3D 立体文字效果，以"Shalen"为原型进行设计，字体颜色选择冷色调的渐变，通过趣味的排列使原本中规中矩的英文字母，变得生动有趣。效果如图 6-1 所示。

图 6-1

 项目分析 ≪

本项目主要包括以下几方面技术要点。

1）创建原始文字组。使用"文字工具"制作出原始文字组，并通过旋转和倾斜等变换改变文字位置，将其群组在一起，形成新的"文字"工作组。

2）将字母依次制作成 3D 效果。通过"图层"面板中的"斜面浮雕"命令，将文字制作出立体效果，再配合"3D 凸纹"命令，将文字处理成 3D 效果。

3）调整画面色调。通过"创建新的填充或调整图层"按钮调整整个画面和文字的色调。

本项目的制作分为以下 3 个任务来逐步完成。

任务 1	创建原始文字组
任务 2	将字母依次制作成 3D 效果
任务 3	调整画面色调

项目教学及实施建议：20 学时。

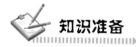

1）文字的输入与编辑，建立工作组的方法：Photoshop 软件左侧工具栏中 T 或者按<T>键；"图层"面板最下方 创建新组或者按<Ctrl+G>组合键。

2）创建变形文字：在 Photoshop 主菜单中 工 。

3）斜面浮雕命令的应用：选择图层，单击鼠标右键，在弹出的快捷菜单中选择"混合选项"命令。

4）3D 凸纹命令的运用、3D 凸纹运用：在 Photoshop 主菜单中选择 3D。

5）创建新的填充或调整图层的方法：图层面板最下方 。

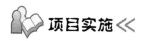

任务 1 创建原始文字组

1）执行"文件"→"新建"命令或按<Ctrl+N>组合键，打开"新建"对话框，文件名称为"立体文字"，设置"宽度"为 800px，"高度"为 600px，"分辨率"为 72ppi，"颜色模式"为 RGB，8 位数通道，"背景内容"为"白色"，其他使用默认值，如图 6-2 所示。

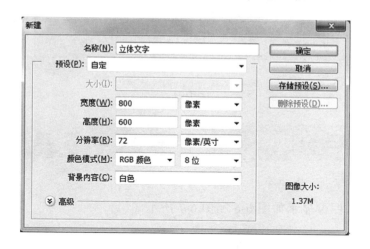

图 6-2

2）在工具箱中设置前景色为 RGB（R：253，G：255，B：233）或直接输入"#fdffe9"，设置完毕之后，单击"确定"按钮，如图 6-3 所示。

①在工具箱中设置背景色为 RGB（R：162，G：164，B：152）或直接输入"#a2a498"，设置完毕之后，单击"确定"按钮，如图 6-4 所示。

②选择"渐变工具"，选择渐变类型为"径向渐变"，在文件中由上至下拖动，将背景图层填充为设置好的渐变色，如图 6-5 所示。

图 6-3

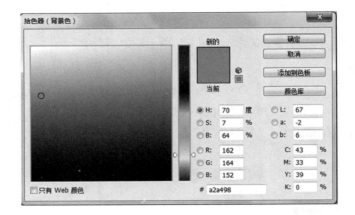

图 6-4

图 6-5

③拖动完毕后图像显示如图 6-6 和图 6-7 所示。

图 6-6

图 6-7

3）设置工具箱中前景色为 RGB（R：112，G：234，B：212）或直接输入"#70ead4"，设置完毕之后，单击"确定"按钮，如图 6-8 所示。

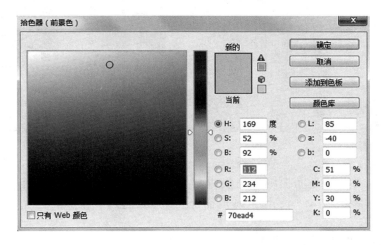

图 6-8

4）执行"视图"→"标尺"命令，或按<Ctrl+R>组合键，如图 6-9 所示。

①此时，观察在画布周围出现了数字刻度，这样"标尺"就被显示出来了，如图 6-10 所示。

②分别从标尺的左侧和上方拖动出来两条"参考线"用以定位文字所处的位置，拖动辅助"参考线"时可按<Shift>键，将强制其对齐到标尺上的刻度，如图 6-11 所示。

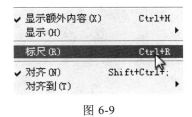

图 6-9

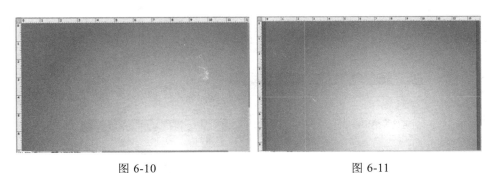

图 6-10　　　　　　　　　　　　图 6-11

5）选择工具箱中的"横排文字"工具，设置字体系列为"Impact"，行宽为"自动"，字体大小为 100，水平缩放为 100%，垂直缩放为 100%，其他设置使用软件默认值即可，如图 6-12 所示。

①设置完毕之后输入英文字母"s"，如图 6-13 所示。

图 6-12

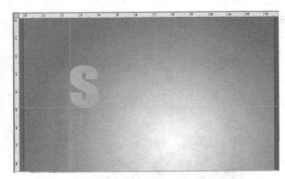

图 6-13

②此时，在"图层"面板中自动生成一个文字图层，如图 6-14 所示。

6）执行"编辑"→"自由变换"命令或按<Ctrl+T>组合键，如图 6-15 所示。

图 6-14

图 6-15

①再次执行 "编辑"→"变换"→"斜切"命令，如图 6-16 所示。

图 6-16

②选择"编辑"→"自由变换"命令或按<Ctrl+T>组合键来调整文字，如图 6-17 所示。

7）依照相同的方法使用"横排文字"工具分别在不同的图层输入大写英文字母"h""a""l""e""n"，如图 6-18 所示。

图 6-17　　　　　　　　　　　　　　　　　　图 6-18

①此时"图层"面板中生成了 6 个文字图层，如图 6-19 所示。

②按住<Shift>键加鼠标左键分别单击字母图层将其全部选中，如图 6-20 所示。

图 6-19　　　　　　　　　　　　　　　　　图 6-20

③单击"图层"面板下方的"链接图层"，把选中的图层链接在一起，如图 6-21 所示。

8）执行"图层"→"图层编组"命令或按<Ctrl+G>组合键，使链接在一起的图层形成一个组，如图 6-22 所示。

图 6-21　　　　　　　　　　　　　图 6-22

①"图层"面板中生成了一个图层文件夹"组 1"，双击"组 1"，如图 6-23 所示。

②将"组 1"修改名称为"原始文字组"，如图 6-24 所示。

图 6-23   图 6-24

任务 2 将字母依次制作成 3D 效果

1）在"图层"面板下方单击"创建新组"按钮，如图 6-25 所示。

2）双击鼠标，修改组名称为"s"，如图 6-26 所示。

图 6-25   图 6-26

①复制"原始文字组"中的"s"图层，如图 6-27 所示。

②复制出来新的"s 副本"，单击"图层"面板中的链接图层按钮，将链接在一起的图层解锁，如图 6-28 所示。

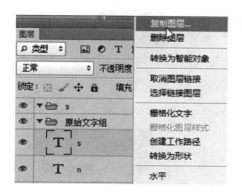

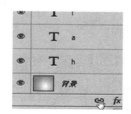

图 6-27   图 6-28

③在"s副本"上按住鼠标左键并将其拖动到"s"组中，如图 6-29 和图 6-30 所示。

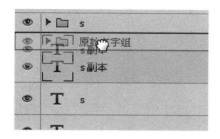

图 6-29   图 6-30

④将"图层"面板中的"原始文字层"工作组隐藏，如图 6-31 所示。

⑤选择"s副本"图层，单击鼠标右键，在弹出的快捷菜单中选择"栅格化文字"命令，如图 6-32 所示。

图 6-31   图 6-32

⑥按<Ctrl+T>组合键，选择"透视"命令来调整文字，如图 6-33 所示。

⑦保持变换状态不变，选择"斜切"命令来调整文字，如图 6-34 所示。

3）下面要为文字添加图层样式，单击"图层"面板中"链接图层"右侧的"fx"添加图层样式面板，如图 6-35 所示。

①单击鼠标选择"斜面和浮雕"命令，如图 6-36 所示。

②在"斜面和浮雕"选项组中的"结构"子选项组中设置参数，"样式"为"内斜

面", "方法"为"平滑", "深度"为 100%, "方向"为"上", "大小"为 27px, "软化"为 12px, "阴影"设置参数分别是"角度"为-10°, "高度"为 0°, "高光模式"为"滤色", 颜色为默认, "不透明度"为 75, "阴影模式"为"正片叠底", 颜色为 RGB (R: 112, G: 234, B: 212), "不透明度"为 43%, 设置完毕之后单击"确定"按钮, 如图 6-37 和图 6-38 所示。

图 6-33

图 6-34

图 6-35

图 6-36

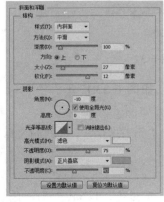

图 6-37

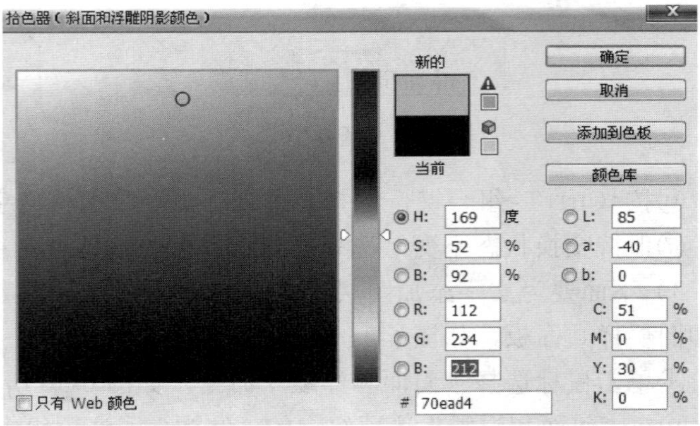

图 6-38

③选择等高线，图层样式中设置"范围"为 50%，等高线设置如图 6-39 所示。

图 6-39

④选中"渐变叠加"图层样式复选框，渐变参数设置"混合模式"为"正常"，"不透明度"为 100%，"样式"为"线性"，"角度"为 80°，"缩放"为 125%，如图 6-40 所示。

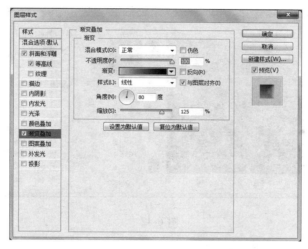

图 6-40

⑤渐变颜色设置两个渐变点数值，第一个渐变点数值 RGB（R：112，G：234，B：212）或输入"#70ead4"，如图 6-41 所示；第二个渐变点数值 RGB（R：0，G：0，B：0）或输入"#000000"，如图 6-42 所示。

⑥执行"视图"→"清除参考线"命令，设置完毕后单击"确定"按钮，参考线被清除了，此时画面上的文字被添加了图层样式，如图 6-43 所示。

⑦按<Ctrl>键加鼠标左键单击添加过图层样式的"s 副本"层，调出图层"s 副本"的选区，如图 6-44 所示。

4）选择菜单栏"3D"→"从当前选区新建 3D 凸出"命令，如图 6-45 所示。

①在文字上单击鼠标右键，在弹出的对话框中可以设置 3D 文字属性，其中第一

项"材质"属性设置如下:"闪亮"为 38%,"反射"为 40%,"粗糙度"为 5%,"凹凸"为 10%,"不透明度"为 100%,"折射"为 1.575,其他数值使用默认值,如图 6-46所示。

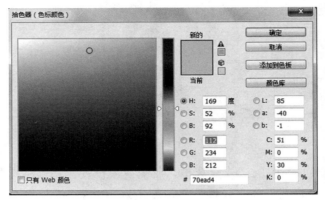

图 6-41

图 6-42

图 6-43

图 6-44

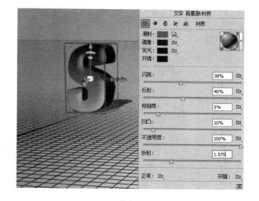

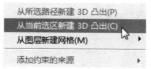

图 6-45　　　　　　　　　　　　　　　　　　　图 6-46

②第二项"网格"属性，设置"纹理映射"为"缩放"，"凸出深度"为 60，其他数值使用默认值，如图 6-47 所示。

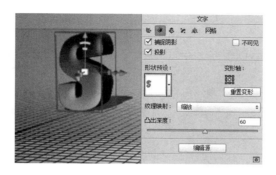

图 6-47

③第三项"变形"属性设置，"凸出深度"为 71，"扭转"为 0°，"锥度"为 100%，选中"弯曲"单选按钮，"水平角度"为 0°，"垂直角度"为 0°，其他数值使用默认值，如图 6-48 所示。

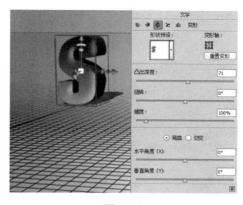

图 6-48

④第四项"盖子"属性设置"角度"为 45°，"强度"为 0%，其他数值使用默认值，如图 6-49 所示。

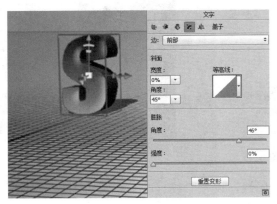

图 6-49

⑤第五项"坐标"属性，使用默认值，如图 6-50 所示。

图 6-50

⑥设置完毕后，在"s 副本"层上单击鼠标右键，在弹出的快捷菜单中选择"栅格化 3D"命令，如图 6-51 所示。

⑦经过栅格化后，文字退出了 3D 编辑模式，背景的 3D 网格被取消，如图 6-52 所示。

图 6-51

图 6-52

5）依照相同的方法，将字母"h"层复制，得到图层"h 副本"并且将其拖动到"s"工作组，双击鼠标将工作组名称修改为"shalen"，如图 6-53 所示。

6）在"h 副本"层上单击鼠标右键，在弹出的快捷菜单中选择"栅格化文字"命令，如图 6-54 所示。

图 6-53　　　　　　　　　　　　　　　图 6-54

7）下面为文字添加图层样式，单击"图层"面板"链接图层"右侧的"fx"添加图层样式面板，如图 6-55 所示。

①在"斜面和浮雕"选项组中的"结构"子选项组中设置参数如下："样式"为"内斜面"，"方法"为"雕刻清晰"，"深度"为 100%，"方向"为"上"，"大小"为 27px，"软化"为 12px，"阴影"选项组中设置参数分别为："角度"为-10°，"高度"为 30°，"高光模式"为"滤色"，颜色默认，"不透明度"为 75%，"阴影模式"为"正片叠底"，颜色为 RGB（R：112，G：234，B：212），"不透明度"为 43%，设置完毕之后单击"确定"按钮，如图 6-56 和图 6-57 所示。

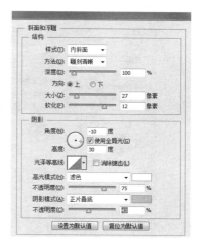

图 6-55　　　　　　　　　　　　　　　图 6-56

②选择等高线，图层样式设置"范围"为"50%"，等高线设置如图 6-58 所示。

③选中"渐变叠加"复选框进行渐变参数设置，"混合模式"为"正常"，"不透明度"为 100%，"样式"为"线性"，"角度"为 80°，"缩放"为 125%，如图 6-59 所示。

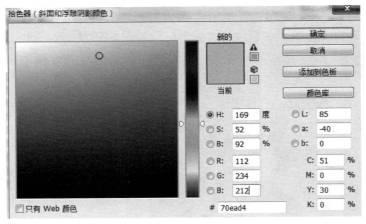

图 6-57

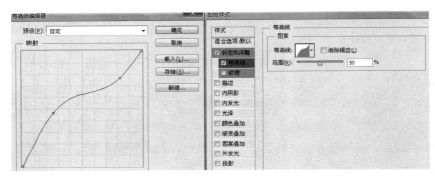

图 6-58

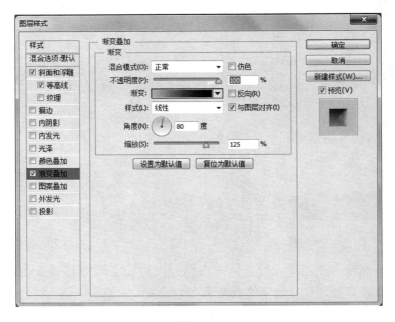

图 6-59

④渐变颜色设置两个渐变点数值，第一个渐变点数值 RGB（R：112，G：234，B：212）或输入"#70ead4"，如图 6-60 所示。第二个渐变点数值为 RGB（R：0，G：0，B：0）或输入"#000000"，如图 6-61 所示。

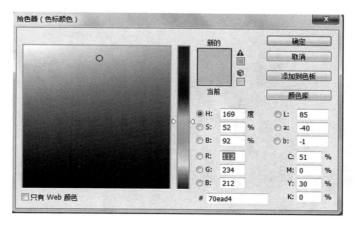

图 6-60

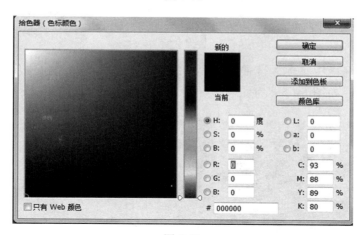

图 6-61

8）按<Ctrl>键单击"h 副本"，如图 6-62 所示。

9）选择"3D"→"从当前选区新建 3D 凸出"命令，如图 6-63 所示。

图 6-62

图 6-63

①在文字上单鼠标右键，在弹出的对话框中设置 3D 文字属性，其中第一项"材质"设置属性为"闪亮"，数值设置为 31%，"反射"为 17%，"粗糙度"为 0%，"凹凸"为 10%，"不透明度"为 100%，"折射"为 1.116，其他数值使用默认值，如图 6-64 所示。

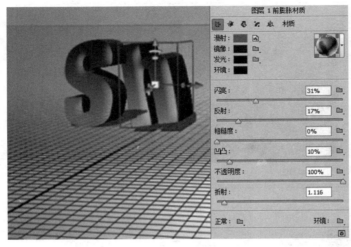

图 6-64

②第二项"网格"属性，设置"纹理映射"为"缩放"，"凸出深度"为 98，其他数值使用默认值，如图 6-65 所示。

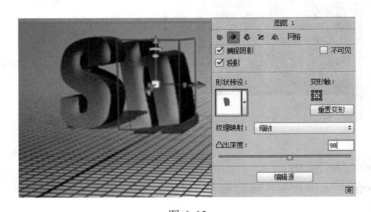

图 6-65

③第三项"变形"属性设置，"凸出深度"为 49，"扭转"为 0°，"锥度"为 100%，选中"弯曲"单选按钮，"水平角度"为 0°，"垂直角度"为 0°，其他数值使用默认值，如图 6-66 所示。

④第四项"盖子"属性设置"角度"为 6°，"强度"为 0%，其他数值使用默认值，如图 6-67 所示。

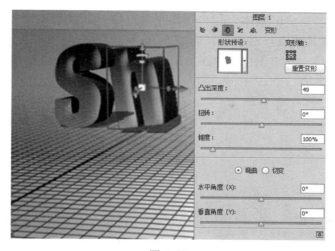

图 6-66

图 6-67

⑤第五项"坐标"属性，使用默认值，如图 6-68 所示。

⑥经过处理后字母"h"已经呈现了立体的效果，如图 6-69 所示。

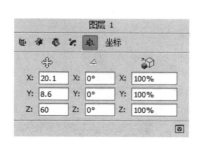

图 6-68

图 6-69

⑦设置完毕后，在"h 副本"层上单击鼠标右键，在弹出的快捷菜单中选择"栅格化 3D"命令，将其变成普通图层，如图 6-70 所示。

⑧经过栅格化后，文字退出了 3D 编辑模式，背景的 3D 网格被取消，如图 6-71 所示。

图 6-70　　　　　　　　　　　　　图 6-71

10）使用相同的方法，显示"原始文字层"将字母"a"层复制，得到图层"a 副本"并且将其拖动到"shalen"工作组，如图 6-72 所示。

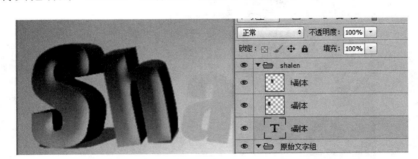

图 6-72

①在"a 副本"层上单击鼠标右键，在弹出的快捷菜单中，选择"栅格化文字"命令，如图 6-73 所示。

②下面为文字添加图层样式，单击"图层"面板"链接图层"右侧的"fx"添加图层样式面板，如图 6-74 所示。

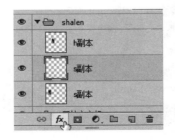

图 6-73　　　　　　　　　　　　　图 6-74

③在"斜面和浮雕"中设置"结构"参数,"样式"为"内斜面","方法"为"雕刻清晰","深度"为 100%,"方向"为"上","大小"为 27px,"软化"为 12px,"阴影"参数分别设置为:"角度"为 -10°,"高度"为 30°,"高光模式"为"滤色",颜色为默认,"不透明度"为 75%,"阴影模式"为"正片叠底",颜色为 RGB(R:112,G:234,B:212),"不透明度"为 43%,设置完毕之后单击"确定"按钮,如图 6-75 和图 6-76 所示。

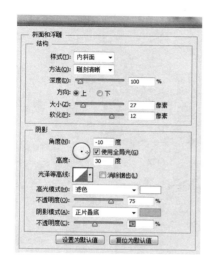

图 6-75

图 6-76

④选择等高线,图层样式设置"范围"为 50%,"等高线"设置如图 6-77 所示。

图 6-77

⑤选中"渐变叠加"复选框,设置渐变参数,"混合模式"为"正常","不透明度"为 100%,"样式"为"线性","角度"为 80°,"缩放"为 125%,如图 6-78 所示。

⑥在渐变颜色中设置两个渐变点数值,第一个渐变点数值 RGB(R:112,G:234,B:212)或输入"#70ead4",如图 6-79 所示。第二个渐变点数值 RGB(R:0,G:0,B:0)或输入"#000000",设置完毕后单击"确定"按钮,如图 6-80 所示。

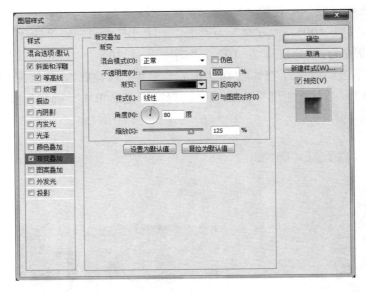

图 6-78

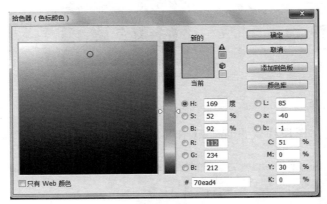

图 6-79

图 6-80

⑦将字母 "a" 添加过图层样式之后，如图 6-81 所示。

⑧按<Ctrl>键单击 "a 副本"，提取选区 "a 副本"，如图 6-82 所示。

图 6-81

图 6-82

11）执行 "3D" → "从当前选区新建 3D 凸出" 命令，如图 6-83 所示。

在文字上单击鼠标右键，在弹出对话框中可以设置 3D 文字属性，其中第一项 "材质" 设置属性："闪亮" 数值设置为 20%，"反射" 为 0%，"粗糙度" 为 0%，"凹凸" 为 10%，"不透明度" 为 100%，"折射" 为 1，其他数值使用默认值，如图 6-84 所示。

图 6-83

图 6-84

②第二项 "网格" 属性，设置 "纹理映射" 为 "缩放"，"凸出深度" 为 90，其他数值使用默认值，如图 6-85 所示。

③第三项 "变形" 属性设置，"凸出深度" 为 90，"扭转" 为 0°，"锥度" 为 100%，选择 "弯曲" 单选按钮，"水平角度" 为 0°，"垂直角度" 为 0°，其他数值使用默认值，如图 6-86 所示。

图 6-85

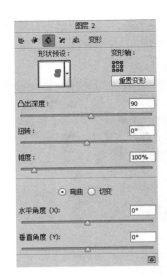

图 6-86

④第四项"盖子"属性设置"角度"为 45°，"强度"为 0%，其他数值使用默认值，如图 6-87 所示。

⑤第五项"坐标"属性，使用默认值，如图 6-88 所示。

⑥设置完毕后，在"h 副本"层上单击鼠标右键，在弹出的快捷菜单中选择"栅格化 3D"命令，如图 6-89 所示。

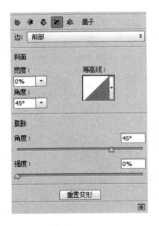

图 6-87

图 6-88

图 6-89

⑦经过栅格化后，文字退出了 3D 编辑模式，背景的 3D 网格被取消，如图 6-90 所示。

12）使用相同的方法，显示"原始文字层"将字母"1"层复制，得到图层"1 副本"并且将其拖动到"shalen"工作组，如图 6-91 所示。

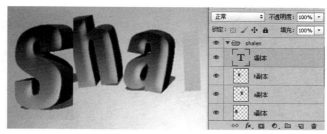

图 6-90　　　　　　　　　　　　　　　　　　　图 6-91

①在"1 副本"层上单击鼠标右键，在弹出的快捷菜单中选择"栅格化文字"命令，如图 6-92 所示。

②下面为文字添加图层样式，单击"图层"面板"链接图层"右侧的"fx"添加图层样式面板，如图 6-93 所示。

③在"斜面和浮雕"中设置"结构"参数，"样式"为"内斜面"，"方法"为"雕刻清晰"，"深度"为 100%，"方向"为"上"，"大小"为 27px，"软化"为 12px，"阴影"选项组中设置参数分别为："角度"为-10°，"高度"为 30°，"高光模式"为"滤色"，颜色为默认，"不透明度"为 75%，"阴影模式"为"正片叠底"，颜色 RGB（R：112，G：234，B：212），"不透明度"为 43%，设置完毕之后单击"确定"按钮，如图 6-94 和图 6-95 所示。

图 6-92　　　　　　　　　　图 6-93　　　　　　　　　　图 6-94

④选中"等高线"复选框，"范围"为 50%，等高线设置如图 6-96 所示。

⑤选中"渐变叠加"图层样式中"渐变"参数设置，"混合模式"为"正常"，"不透明度"为 100%，"样式"为"线性"，"角度"为 80°，"缩放"为 125%，如图 6-97 所示。

⑥渐变颜色设置两个渐变点数值，第一个渐变点数值 RGB（R：112，G：234，B：212）或输入"#70ead4"，第二个渐变点数值 RGB（R：0，G：0，B：0）或输入"#000000"，

如图 6-98 和图 6-99 所示。

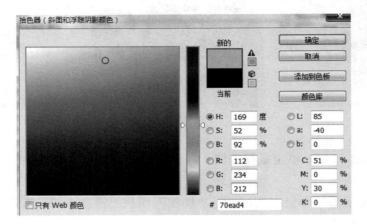

图 6-95

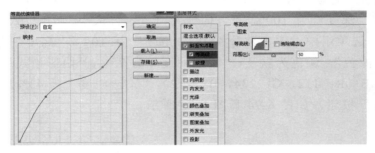

图 6-96

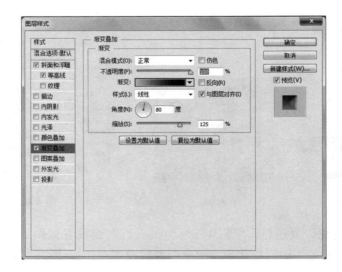

图 6-97

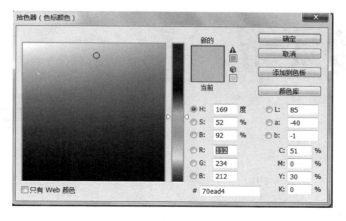

图 6-98

图 6-99

⑦将字母"1"添加图层样式之后，效果如图 6-100 所示。

图 6-100

⑧按<Ctrl>键单击"1 副本"，提前选区"1 副本"，如图 6-101 所示。

13）执行"3D"→"从当前选区新建 3D 凸出"命令，如图 6-102 所示。

图 6-101　　　　　　　　　　　　　　　图 6-102

①在文字上单击鼠标右键，在弹出的对话框中可以设置 3D 文字属性，其中第一项"材质"设置属性："闪亮"数值设置为 20%，"反射"为 0%，"粗糙度"为 2%，"凹凸"为 10%，"不透明度"为 100%，"折射"为 1，其他数值使用默认值，如图 6-103所示。

②第二项"网格"属性，设置"纹理映射"为"缩放"，"凸出深度"为 33，其他数值使用默认值，如图 6-104 所示。

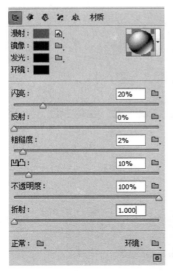

图 6-103　　　　　　　　　　　　　　　图 6-104

③第三项"变形"属性设置，"凸出深度"为 33，"扭转"为 0°，"锥度"为 100%，选中"弯曲"单选按钮，水平角度为 0°，垂直角度为 0°，其他数值使用默认值，如图 6-105 所示。

④第四项"盖子"属性设置"角度"为 45°，"强度"为 0%，其他数值使用默认值，如图 6-106 所示。

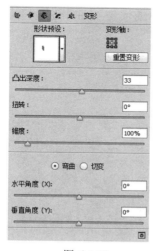

图 6-105

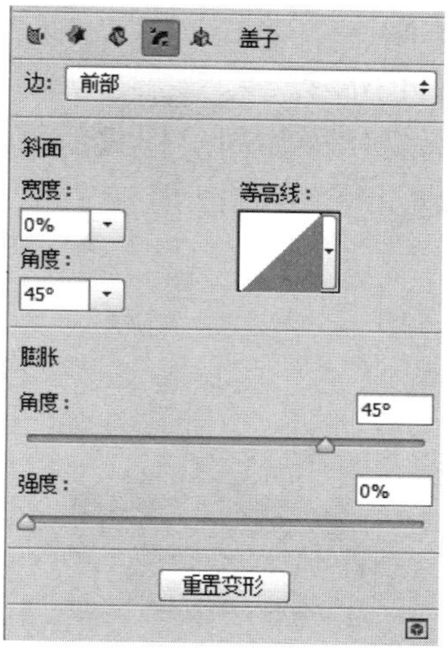

图 6-106

⑤第五项"坐标"属性，使用默认值，如图 6-107 所示。

⑥设置完毕后，在"1 副本"层上单击鼠标右键，选择"栅格化 3D"命令，如图 6-108 所示。

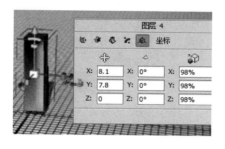

图 6-107

图 6-108

⑦经过栅格化后，文字退出了 3D 编辑模式，背景的 3D 网格被取消，如图 6-109 所示。

14）使用相同的方法，显示"原始文字层"将字母"e"层复制，得到图层"e 副本"并且将其拖动到"shalen"工作组，如图 6-110 所示。

图 6-109

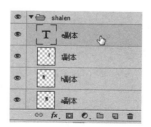

图 6-110

①在"e 副本"层上单击鼠标右键，在弹出的快捷菜单中选择"栅格化文字"命令，如图 6-111 所示。

②下面为文字添加图层样式，单击"图层"面板"链接图层"右侧的"fx"添加图层样式面板，如图 6-112 所示。

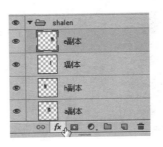

图 6-111　　　　　　　　　　图 6-112

③斜面浮雕中结构设置参数，"样式"为"内斜面"，"方法"为"雕刻清晰"，"深度"为 100%，"方向"为"上"，"大小"为 27px，"软化"为 12px，"阴影"选项组中设置参数分别为："角度"为-10°，"高度"为 30°，"高光模式"为"滤色"，颜色为默认，"不透明度"为 75%，"阴影模式"为"正片叠底"，颜色为 RGB（R：112，G：234，B：212），"不透明度"为 43%，设置完毕之后单击"确定"按钮，如图 6-113 和图 6-114 所示。

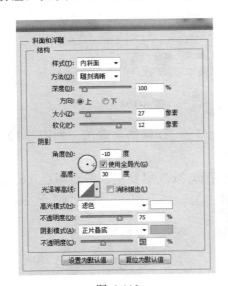

图 6-113　　　　　　　　　　图 6-114

④选择等高线，"图层样式"范围设置为 50%，等高线设置如图 6-115 所示。

⑤选中"渐变叠加"图层样式中渐变参数设置，"混合模式"为"正常"，"不透明度"为 100%，"样式"为"线性"，"角度"为 80°，"缩放"为 125%，如图 6-116 所示。

图 6-115

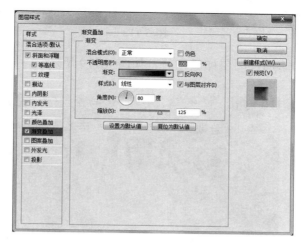

图 6-116

⑥渐变颜色设置两个渐变点数值，第一个渐变点数值 RGB（R：112，G：234，B：212）或输入"#70ead4"，第二个渐变点数值 RGB（R：0，G：0，B：0）或输入"#000000"，如图 6-117 和图 6-118 所示。

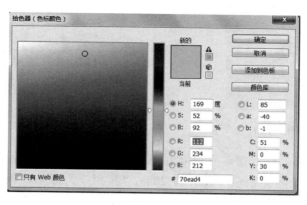

图 6-117

图 6-118

⑦将字母"e"添加过图层样式之后，如图 6-119 所示。

图 6-119

⑧按<Ctrl>键单击"e 副本"，提取选区"e 副本"，如图 6-120 所示。

15）执行"3D"→"从当前选区新建 3D 凸出"命令，如图 6-121 所示。

图 6-120

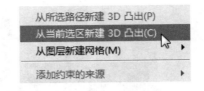

图 6-121

①在文字上单击鼠标右键，在弹出的对话框中设置 3D 文字属性，其中第一项 "材质"设置属性："闪亮数值"设置为 20%，"反射"为 0%，"粗糙度"为 0%，"凹凸"为 10%，"不透明度"为 100%，"折射"为 1，其他数值使用默认值，如图 6-122 所示。

②第二项"网格"属性，设置"纹理映射"为"缩放"，"凸出深度"为 69，其他数值使用默认值，如图 6-123 所示。

图 6-122

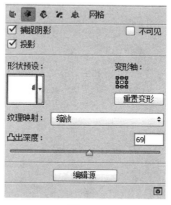

图 6-123

③第三项"变形"属性设置，"凸出深度"为 69，"扭转"为 0°，"锥度"为 100%，选中"弯曲"按钮，"水平角度"为 0°，"垂直角度"为 0°，其他数值使用默认值，如图 6-124 所示。

④第四项"盖子"属性设置"角度"为 45°，"强度"为 0%，其他数值使用默认值，如图 6-125 所示。

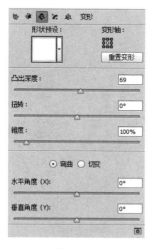

图 6-124

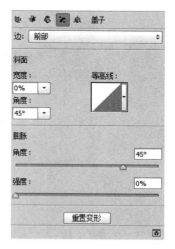

图 6-125

⑤第五项"坐标"属性，使用默认值，如图 6-126 所示。

⑥设置完毕后，在"e 副本"层上单击鼠标右键，在弹出的快捷菜单中选择"栅格化 3D"命令，如图 6-127 所示。

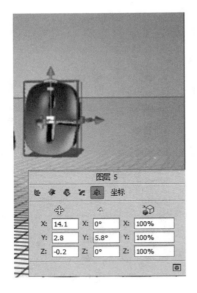

图 6-126   图 6-127

⑦经过栅格化后，文字退出了 3D 编辑模式，背景的 3D 网格被取消，如图 6-128 所示。

16）使用相同的方法，显示"原始文字层"将字母"n"层复制，得到图层"n 副本"并且将其拖动到"shalen"工作组。如图 6-129 所示。

图 6-128   图 6-129

①在"n 副本"层上单击鼠标右键，在弹出的快捷菜单中选择"栅格化文字"命令，如图 6-130 所示。

②下面为文字添加图层样式，单击"图层"面板"链接图层"右侧的"fx"添加图层样式面板，如图 6-131 所示。

图 6-130　　　　　　　　　　　　　　　　图 6-131

③在"斜面和浮雕"选项组中的"结构"子选项组中设置参数，"样式"为"内斜面"，"方法"为"雕刻清晰"，"深度"为 100%，"方向"为"上"，"大小"为 27px，"软化"为 12px，"阴影"设置参数分别为："角度"为-10°，"高度"为 30°，"高光模式"为"滤色"，颜色为默认，"不透明度"为 75%，"阴影模式"为"正片叠底"，颜色为 RGB（R：112，G：234，B：212），"不透明度"为 43%，设置完毕之后单击"确定"按钮，如图 6-132 和图 6-133 所示。

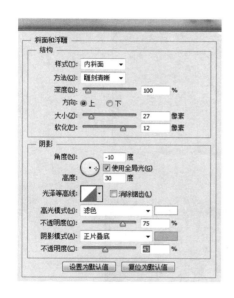

图 6-132　　　　　　　　　　　　　　　　图 6-133

④选择等高线，图层样式设置"范围"为 50%，"等高线"设置如图 6-134 所示。

⑤选中"渐变叠加"图层样式中渐变参数设置，"混合模式"为"正常"，"不透明度"为 100%，"样式"为"线性"，"角度"为 80°，"缩放"为 125%，如图 6-135 所示。

⑥渐变颜色设置两个渐变点数值，第一个渐变点数值 RGB（R：112，G：234，B：212）或输入"#70ead4"，第二个渐变点数值 RGB（R：0，G：0，B：0）或输入"#000000"，

如图 6-136 和图 6-137 所示。

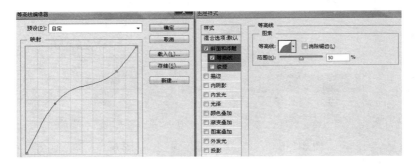

图 6-134

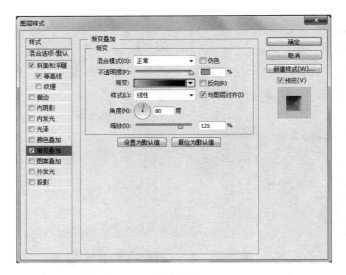

图 6-135

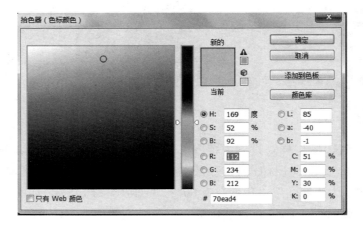

图 6-136

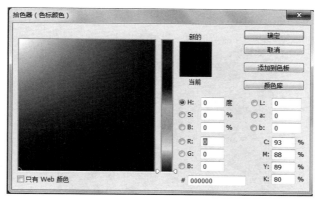

图 6-137

⑦将字母"n"添加图层样式之后，效果如图 6-138 所示。

⑧按<Ctrl>键单击"n 副本"，提取选区"n 副本"，如图 6-139 所示。

图 6-138

图 6-139

17）执行"3D"→"从当前选区新建 3D 凸出"命令，如图 6-140 所示。

①在文字上单击鼠标右键，在弹出的对话框中设置 3D 文字属性，其中第一项"材质"设置属性："闪亮数值"设置 20%，"反射"为 0%，"粗糙度"为 0%，"凹凸"为 10%，"不透明度"为 100%，"折射"为 1，其他数值使用默认值，如图 6-141 所示。

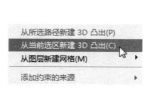

图 6-140

图 6-141

②第二项"网格"属性，设置"纹理映射"为"缩放"，"凸出深度"为 60，其他
数值使用默认值，处理完毕之后，图像如图 6-142 所示。

图 6-142

③第三项"变形"属性设置，"凸出深度"为 83，"扭转"为 0°，"锥度"为 100%，
选中"弯曲"单选按钮，"水平角度"为 0°，"垂直角度"为 0°，其他数值使用默认
值，如图 6-143 所示。

④第四项"盖子"属性设置"角度"为 45°，"强度"为 0%，其他数值使用
默认值，如图 6-144 所示。

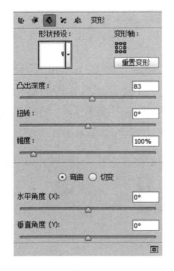

图 6-143

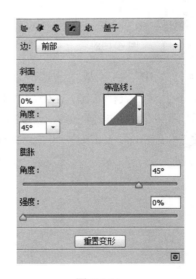

图 6-144

⑤第五项"坐标"属性，使用默认值，如图 6-145 所示。

⑥设置完毕后，在"n 副本"层上单击鼠标右键，在弹出的快捷菜单中选择"栅格化
3D"命令，如图 6-146 所示。

⑦经过栅格化后，文字退出了 3D 编辑模式，背景的 3D 网格被取消，如图 6-147
所示。

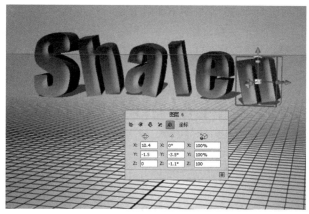

图 6-145

图 6-146

图 6-147

任务 3　调整画面色调

1）选择"图层"面板中下方第 4 个选项"创建新的填充或调整图层"按钮，选择"亮度/对比度"图层，如图 6-148 所示 。

①在弹出的菜单中选择"亮度/对比度"命令，如图 6-149 所示。

图 6-148

图 6-149

②数值设置分别为"亮度"为 50，"对比度"为 33，如图 6-150 所示。

③文字经过"亮度/对比度"调整过后，文字如图 6-151 所示。

图 6-150　　　　　　　　　　　　　　　图 6-151

④接下来调整色相，再次单击此"创建新的填充或调整图层"按钮，选择"色相/饱和度"命令，如图 6-152 所示。

⑤设置全图，"色相"为-12，"饱和度"为+34，"明度"为"+8"，如图 6-153 所示。

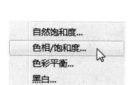

图 6-152　　　　　　　　　　　　　　　图 6-153

⑥文字经过"色相/饱和度"调整过后，文字如图 6-154 所示。

图 6-154

2）再次单击"创建新的填充或调整图层"按钮，选择"色彩平衡"命令，如图 6-155 所示。

①中间调数值，"青红"为-72，"洋红"为-20，"黄色"为+34，如图 6-156 所示。

②高光调数值，"青红"为-33，"洋红"为+19，"黄色"为+24，如图 6-157 所示。

③阴影数值，"青红"为+0，"洋红"为 11，"黄色"为 36，如图 6-158 所示。

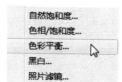

图 6-155

图 6-156

图 6-157

图 6-158

3）经过图层填充颜色调整之后，执行"文件"→"保存"命令或按<Ctrl+S>组合键，选择一个路径保存，此实例完成，效果如图 6-159 所示。

图 6-159

项目小结 ≪

通过本项目的学习，了解如何运用 Photoshop 软件中的文字编辑工具，制作文字，运用浮雕、凸纹命令制作 3D 文字的特殊效果。

实战演练 ≪

制作一组 3D 立体文字效果。要求：
①熟练运用所学命令完成 3D 立体文字的制作。
②可自行选择原始文字。
③背景色调处理与整体 3D 立体文字色彩搭配和谐统一。
④正确使用 3D 凸纹命令表现出照片的 3D 立体感。

项目 7　制作水墨莲花

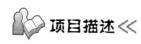**项目描述 《**

本项目表现的是水墨画的效果，使用 Photoshop 软件中的滤镜和涂抹等特殊工具作出水墨效果图片。首先以和谐的渐变色作为水墨画的背景，然后绘制荷花，让背景和荷花相呼应，使整个画面和谐一致。效果如图 7-1 所示。

图 7-1

项目分析 《

本项目制作前需要了解以下几个方面的技术要点：

1）使用渐变色条制作渐变背景。

2）用"钢笔工具"进行图像描边。

本项目的制作分为以下两个任务来逐步完成。

任务 1	新建文件、制作背景
任务 2	图像描边

项目教学及实施建议：24 学时。

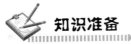知识准备

1）新建文件的方法：在 Photoshop 主菜单中选择"文件"→"新建"命令或者按 <Ctrl+N>组合键。

2）利用"自由变换工具"调整图像大小：在 Photoshop 主菜单中选择"编辑"→ "自由变换"命令或者按<Ctrl+T>组合键。

3）图像描边的方法：在 Photoshop 主菜单中选择"编辑"→"描边"命令。

4）动感模糊滤镜的应用：在 Photoshop 主菜单中选择"滤镜"→"模糊"→"动感模糊"命令。

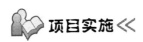项目实施 《

任务 1　新建文件、制作背景

1）选择"文件"→"新建"命令或按<Ctrl+N>组合键新建文件，输入文件名称，设置大小单位是像素，"宽度"为 911px，"高度"为 733px，"分辨率"为 72ppi，"颜色模式"为 RGB，8 位数通道，如图 7-2 所示。

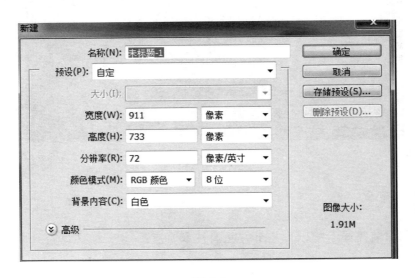

图 7-2

2）制作宣纸颜色效果的背景并新建图层，选中该图层，执行"编辑"→"填充"命令，将图层填充成白色，如图 7-3 所示。

3）双击该图层，设置图层样式，选中"渐变叠加"复选框。如图 7-4 所示。

4）设置渐变的色条。单击选中第一个色标后面的色块，将颜色设置为淡黄色。使用同样的方法设置第二个色标的颜色，如图 7-5 所示。

图 7-3

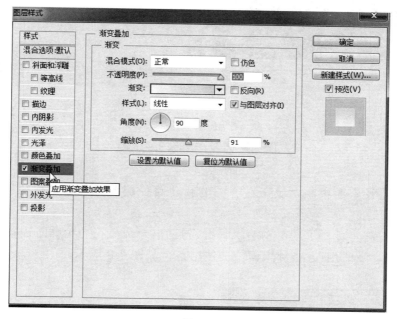

图 7-4

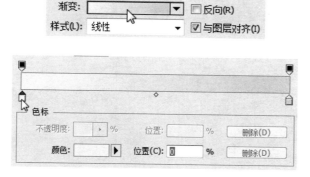

图 7-5

5）设置完成后单击"确定"按钮，这样宣纸颜色背景效果就完成了，如图 7-6 所示。

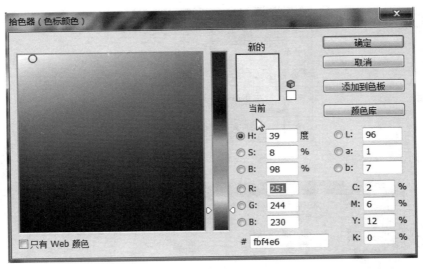

图 7-6

任务 2　图像描边

1）在"路径"面板中，单击右下方的新建路径层图标，新建路径层，如图 7-7 所示。

2）选择右侧工具栏里的"钢笔工具"，勾勒出一个荷花的轮廓路径。注意，在勾勒荷花路径中，随时用<Alt>键来调节曲线节点，如图 7-8 所示。

图 7-7

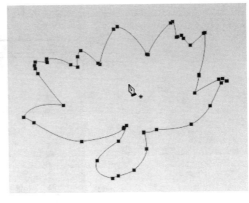

图 7-8

3）在右侧工具栏中，选择"画笔工具"，调节画笔选项，如图 7-9 所示。

4）在"图层"面板中，新建图层，选中"画笔工具"，在"路径"面板中，选中勾勒好的荷花轮廓路径，在"路径"面板下方，单击第二个图标"用画笔描边路径"按钮，描边勾勒好的荷花轮廓，如图7-10所示。

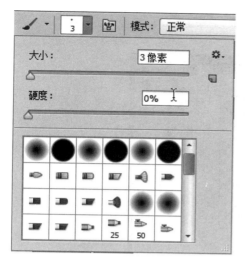

图 7-9

图 7-10

　　5）选择右侧工具栏里的"钢笔工具"，勾勒出一个荷花的细节路径。注意，在勾勒荷花细节路径中，随时用<Alt>键来调节曲线节点。在"图层"面板中，新建图层，选中新建好的图层，选中"画笔工具"，在"路径"面板中，选中勾勒好的荷花轮廓路径，在"路径"面板下方，单击第二个图标"用画笔描边路径"按钮，描边勾勒好的荷花轮廓，如图7-11所示。

　　6）为荷花上色。首先在"图层"面板中，新建图层，在"路径"面板中，新建路径，沿着任一个荷花花瓣尖角，勾勒半圆形状，如图7-12所示。

图 7-11

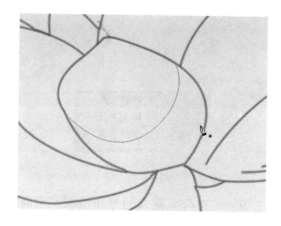

图 7-12

　　7）切换到"路径"面板，执行"将路径转化为选区"命令，选中新建图层，选择

"编辑"→"填充"命令，填充颜色"#fb8b89"，选择"滤镜"→"模糊"→"高斯模糊"命令，将半径值调到 10px，如图 7-13 所示。

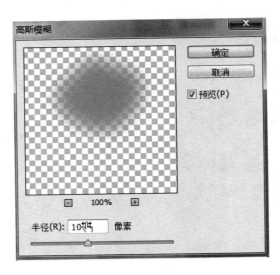

图 7-13

8）在工具栏中，选择"涂抹工具"，强度大小调整到合适位置，涂抹成如图 7-14 中的形状，使颜色看起来自然一些，涂抹出自然的荷花花瓣渐变的效果。

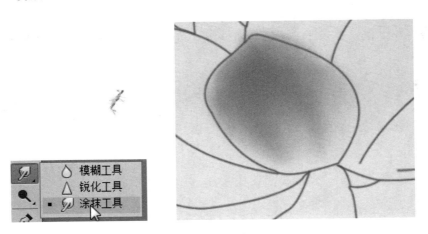

图 7-14

9）根据荷花花瓣的分布情况，用同样的方法，画出其他荷花的花瓣的颜色，如图 7-15 所示。

10）在工具栏中改变前景色，把粉色的前景色改成淡绿色，使用同样的绘制方法，画出荷花的茎，如图 7-16 所示。

图 7-15

图 7-16

11）在工具栏中，选择"画笔工具"，"大小"调成 4px，"硬度"调成 0%，在画好的茎和茎周围点出圆点形的刺，如图 7-17 所示。

12）荷花制作已经完成，按照上面的方法，画出剩下的荷花和荷叶，如图 7-18 所示。

图 7-17

图 7-18

13）整个画面完成以后，制作一个印章。在工具栏中选择"圆角矩形工具"，设置前景色为红色，画一个圆角矩形，如图 7-19 所示。

14）选中画好的圆角矩形，按<Ctrl+J>组合键，复制一层。

15）将复制好的"圆角矩形工具"保持圆角度数等比例缩小 5px。具体方法：选中复制好的圆角矩形，选择"直接选择工具"，用"直接选择工具"选中圆角矩形下面的 4 个节点，向上移动 5px，然后用"直接选择工具"选中圆角矩形上面的 4 个节点，向下移动 5px，接着把左边的 4 个节点向右移动 5px，最后把右边的 4 个节点向左移动 5px，如图 7-20 所示。

图 7-19

16）栅格化较大的圆角矩形。

17）按住<Ctrl>键，单击较小圆角矩形蒙版上的形状，建立一个选区，如图 7-21 所示。

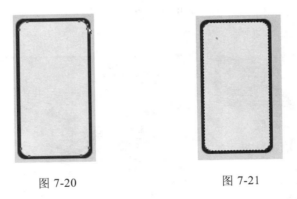

图 7-20   图 7-21

18）选中栅格化的圆角矩形，按<Delete>键，删除选区中的内容，留下一个圆角矩形框。

19）在工具栏中，选择"文字工具"，选择字体为"文鼎古印体"（有繁体和简体两种，在这里选简体），颜色和圆角矩形框的颜色一致，输入"侠岚"，默认是水平排列，这里选择"直排文字工具"，将它变成垂直排列，如图 7-22 所示。

图 7-22

20）将"侠岚"移动至圆角矩形框居中位置，栅格化"侠岚"两个字。如图 7-23 所示。

21）合并圆角矩形框图层和"侠岚"图层。

22）选中合并后的图层，选择"滤镜"→"像素化"→"铜版雕刻"命令，设置参数为中等点、短直线，如图 7-24 所示。

图 7-23

图 7-24

23）按<Ctrl+F>组合键，加深滤镜效果。

24）选中滤镜化的图层，选择"图像"→"调整"→"替换颜色"命令，把图层中的黑色调整为白色，如图 7-25 所示。

a）

b）

图 7-25

25）选择图层上方的"混合模式"，将"混合模式"改为"变暗"，如图 7-26 所示，这样白色部分透明了，印章制作完成。

图 7-26

 项目小结 ≪

通过本项目的学习，了解 Photoshop 软件中的滤镜和涂抹等特殊工具的重要性，运用这些特殊工具，绘制出水墨荷花图，画面的美感给大家带来赏心悦目、轻松愉悦的感觉。

 实践演练 ≪

制作中国画、工笔或者水墨的效果。要求：

①熟练运用 Photoshop 软件中的滤镜和涂抹等工具，制作特殊效果。

②掌握中国画风格效果的制作方法，意境表现出传统美学特征。

③色调淡雅，整体风格统一。

项目 8　制作石头人效果

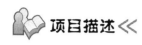

项目描述 《

　　本项目通过 Photoshop 软件命令，实现人物变成岩石的特殊效果。为表现人物变成岩石质感，以山石为背景，展示人物的坚毅斗志，背景通过疏密繁简的对比和色块的区分，使画面更具冲击力。效果如图 8-1 所示。

图 8-1

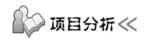

项目分析 《

　　本项目制作需要了解以下几个方面技术要点：

　　1）抠出人物。利用工具栏中的工具，将人物从背景中抠出。

　　2）叠加岩石效果。将岩石素材叠加到人物上，利用苔藓图片作效果。

　　3）制作背景。将天空和山石的图片素材组合，制作出背景。

　　本项目的制作分为以下 3 个任务来逐步完成。

任务 1	抠出人物
任务 2	叠加岩石效果
任务 3	制作背景

　　项目教学及实施建议：16 学时。

知识准备

1）新建文件的方法、"自由变换工具"的使用：在 Photoshop 主菜单中选择"文件"→"新建"或者按<Ctrl+N>组合键；在 Photoshop 主菜单中选择"编辑"→"自由变换"命令或者按<Ctrl+T>组合键。

2）"钢笔工具"的使用：Photoshop 软件左侧工具架中 或者按<P>键。

3）"反选工具"的使用：在 Photoshop 主菜单中选择"选择"→"反向"或者按<Shift+Ctrl+I>组合键。

4）去色命令的应用：在 Photoshop 主菜单中选择"图像"→"调整"命令或者按<Shift+Ctrl+U>组合键。

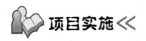项目实施 《

任务 1　抠出人物

1）选择"文件"→"新建"或按<Ctrl+N>组合键新建文件，文件名称输入文字"石头人"，设置大小单位是"像素"，"宽度"为 1024px，"高度"为 768px，"分辨率"为 72ppi，"颜色模式"为 RGB 模式，8 位数通道，如图 8-2 所示。

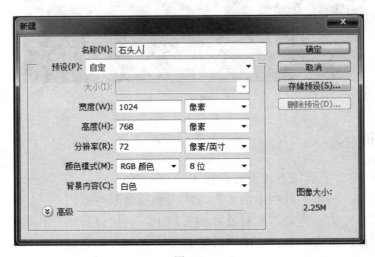

图 8-2

2）把找好的人物素材按<Shift>键拖入到新建文件中，按<Ctrl+T>组合键调整合适的大小。注意：如果调整好大小的人物是智能对象，请把鼠标放在图层上，单击鼠标右键，在弹出的快捷菜单中，选择"栅格化图层"命令，如图 8-3 所示。

3）在工具栏里找到"放大镜工具"，将图像放大，如图 8-4 所示。

4）在工具栏里选择"钢笔工具"，如图 8-5 所示。

图 8-3

图 8-4

5）顺着人物素材轮廓边缘单击，开始描绘，如图 8-6 所示。

6）顺着人物素材外轮廓描绘完，在起始点处单击一下，闭合路径，如图 8-7 所示。

7）在工作区右侧，单击选择"路径"面板，"路径"面板中的层，就是用"钢笔工具"围绕人物素材外轮廓所描绘出来的工作路径，如图 8-8 所示。

8）单击路径转化成选区按钮，或按<Ctrl+Enter>组合键，将抠出的路径转化为选区，如图 8-9 所示。

图 8-5

图 8-6

图 8-7

图 8-8

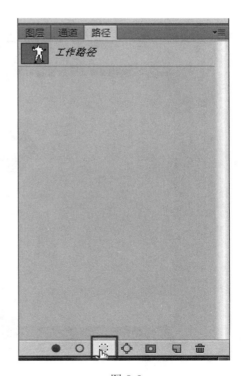

图 8-9

9）此时抠出来的人物素材变成选区模式，如图 8-10 所示。

图 8-10

10）按<Ctrl+Shift+I>组合键，执行"反向选择"命令，将选区反向选择，如图 8-11 所示。

图 8-11

11）按<Delete>键删除白色背景，人物素材被抠出，如图 8-12 所示。

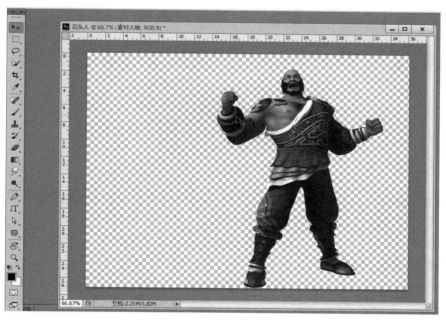

图 8-12

12）选择"图像"→"调整"→"去色"命令，将抠好的人物变成黑白色，如图 8-13 所示。

13）选择"图像"→"调整"→"色阶"命令，调整图片色阶，可以多次执行"色阶"命令进行，调整完的效果如图 8-14 所示。

图 8-13

图 8-14

任务2 叠加岩石效果

1）将岩石素材拖入文件，调整岩石图层至人物素材图层的上方，如图 8-15 所示。

图 8-15

2）选择岩石图层，单击鼠标右键，在弹出的快捷菜单中选择"创建剪贴蒙版"命令，将岩石图层贴入人物中，调整大小和位置，如图 8-16 所示。

3）选择岩石图层，选择正片叠底叠加模式，选择"图像"→"调整"→"色相/饱和度"命令，调整颜色，使人物看起来自然一些，如图 8-17 所示。

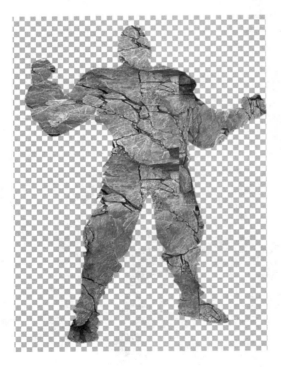

图 8-16

图 8-17

4）使用同样的方法，在岩石上加入苔藓素材。将苔藓放在图片光线暗的地方，如图 8-18 所示。

5）复制苔藓的数量并移动调整苔藓的位置，这样石头人就完成了，如图 8-19 所示。

图 8-18

图 8-19

任务 3　制作背景

1）为石头人添加周围的景色装饰。先用"钢笔工具"，将山的景色素材需要的那部分抠出，用"钢笔工具"抠出山的景色素材，然后将抠好的图拖入到做好的石头人素材中，如图 8-20 所示。

图 8-20

2）将选择好的远处的山和天空素材用"钢笔工具"抠出，拖入到做的石头人中，利用"移动工具"调整到合适的位置，此例完成，效果如图 8-21 所示。

图 8-21

项目小结 《

通过本项目的学习，了解如何运用 Photoshop 软件中的工具制作岩石效果。通过 Photoshop 软件中的"叠加""滤镜"命令，实现人物变成岩石的特殊效果，叠加山石背景，使画面呈现更具坚硬的岩石感觉，风格十分统一。

实践演练 《

制作沙土、石头质感的角色或者生物的效果。要求：
①熟练运用所学命令完成沙土或者石头效果的制作。
②制作沙土、石头质感的角色或者生物的效果时注意将其和背景自然地融合在一起。

项目 9 制作《侠岚》海报

此项目制作的是《侠岚》4 人的海报,通过辗迟、千钧、弋痕夕以及辰月几个动漫人物深邃的目光,体现他们想成为侠岚的决心,与背景图片中阴险的反面人物成为鲜明对比。凸显正义与邪恶的交锋,从而体现主角人物坚定的内心世界。此项目提取并运用已经完成的海报中的人物素材,通过多个人物素材的重新组合形成新的海报,运用素材文件的叠加使海报制作出新的色彩效果。效果如图 9-1 所示。

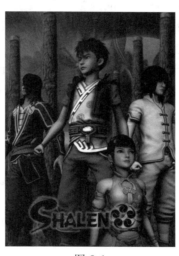

图 9-1

 项目分析 《

本项目制作需要了解以下几个方面技术要点:

1)提取现有海报中的人物素材。对于已经完成的海报中的人物素材重新利用,提取出需要的元素。

2)调整各个图层素材。通过多个不同位置的人物素材重新组合,利用 Photoshop "自由变化工具",调整人物大小及位置,形成新的构图效果。

3)制作海报背景。将导入的素材图片在 Photoshop 软件中进行处理,使之更加烘托海报主题风格。

4)调整海报整体色调。对画面及颜色进行调整,并且输入文字 logo。

本项目的制作分为以下 4 个任务来逐步完成。

任务 1	提取现有海报中的人物素材
任务 2	调整各个图层素材
任务 3	制作海报背景
任务 4	调整海报整体色调

项目教学及实施建议：18 学时。

 知识准备

1）使用"磁性套索工具"：Photoshop 软件左侧工具栏中 。

2）进入快速蒙版编辑状态：Photoshop 软件左侧工具栏中 或者按<Q>键。

3）添加矢量蒙版的方法："图层"面板最下方 按钮。

4）在矢量蒙版中设置并执行渐变色的技巧：Photoshop 软件左侧工具栏中，或者按<G>键。

5）掌握图层样式面板中为文字添加投影的应用和技巧：Photoshop 软件左侧工具栏中 T；选择图层，单击鼠标右键，在弹出的快捷菜单中选择"混合选项"命令。

 项目实施 ≪

任务 1 提取现有海报中的人物素材

1）选择"文件"→"打开"命令或使用<Ctrl+O>组合键，打开一张海报素材图片，如图 9-2 和图 9-3 所示。

图 9-2

图 9-3

①首先将需要用到的人物素材图片，应用工具栏中的"磁性套索工具"，在"辗迟"人物边缘上创建选区，如图 9-4 所示。

②用同样的方法，将整个"辗迟"人物全部选中，在接近"磁性套索工具"起点的时候，鼠标右下角变成圆圈状时双击，此时就形成了闭合人物的选区，如图 9-5 和图 9-6 所示。

图 9-4

图 9-5

图 9-6

2）单击工具箱下面的"快速蒙版"按钮或者按<Q>键，此时，图片中除了"辗迟"人物以外，未被选择的图像会呈现淡红色的状态，可以在"快速蒙版"模式下进行编辑，使人物选区做得更加细致精准，如图 9-7 所示。

3）选择工具箱中的"画笔工具"或者按<B>键，如图 9-8 所示。

①将"画笔工具"的笔刷选择"柔边笔刷"，"大小"为 11px，"硬度"为 100%，"模式"为"正常"，"不透明度"为 40%，"流量"默认为 100%，如图 9-9 所示。

②Photoshop 蒙版是将不同灰度色值转化为不同的透明度，黑色为完全透明，白色

为完全不透明。根据这个原理，按<Ctrl++>组合键放大画面后，用画笔在需要显示的地方涂抹黑色，抹黑色的地方会显示为红色；反之，就涂抹白色。制作选区效果，如图 9-10 所示。

图 9-7   图 9-8

图 9-9

图 9-10

4）选择"文件"→"新建"命令或按<Ctrl+N>组合键新建文件，文件名为"海报"，设置大小，"宽度"为 12cm，"高度"为 18cm，"分辨率"为 100ppi，"颜色模式"为 RGB，8 位数通道，"背景内容"为"白色"，其他使用默认值，如图 9-11 所示。

5）使用"移动工具"将其拖动的"海报"文件中，并将图层名称修改为"辗迟"，按<Ctrl+T>组合键，进行大小调整，按<Shift+Alt>组合键进行等比例缩放，完成后将其摆放在画布中央位置，如图 9-12 所示。

图 9-11

图 9-12

6）选择"文件"→"打开"命令或按<Ctrl+O>组合键，打开一张带有"弋痕夕"卡通人物的海报素材图片，如图 9-13 所示。

图 9-13

①首先将需要用到的人物素材图片打开，选择工具箱中的"磁性套索工具"，在"弋痕夕"人物边缘上创建选区，如图 9-14 所示。

②按照同样的方法使用"磁性套索工具"将整个"弋痕夕"人物全部选中，在接近"磁性套索工具"起点的时候，鼠标右下角变成了圆圈状时双击鼠标，此时就形成了闭合人物的选区，如图 9-15 所示。

③单击工具箱下面的"快速蒙版"按钮或者按<Q>键，图片中除了"弋痕夕"人物以外，未被选择的图像部分会呈现淡红色状态，此时可以在"快速蒙版"模式下进行编辑，配合"画笔工具"来描绘使人物选区做得更加细致，如图 9-16 所示。

7）选择工具箱中的"画笔工具"或者按<B>键，如图 9-17 所示。

①将"画笔工具"的笔刷选择"柔边笔刷"，"大小"为 10px，"硬度"为 100%，

"模式"为"正常","不透明度"为50%,"流量"值默认为100%,如图9-18所示。

图 9-14   图 9-15

图 9-16

图 9-17   图 9-18

②按<Ctrl++>组合键,放大画面后,用画笔在需要显示的地方涂抹成黑色,涂抹黑色的地方会显示为红色;在不需要显示的地方就涂抹白色。将选区做得更加精准和细致,制作完成后效果如图9-19所示。

8)使用"移动工具"将其拖动到"海报"文件中,并将图层名称修改为"弋痕夕",

按<Ctrl+T>组合键，调整"弋痕夕"层图像大小，按<Shift+Alt>组合键进行等比例缩放后摆放在"辗迟"左侧，如图 9-20 所示。

图 9-19

图 9-20

9）为了形成较为明显的空间距离感，使画面呈现出"辗迟"站在镜头前面的效果，将"辗迟"图层拖动到"弋痕夕"图层的上面，如图 9-21 所示。

10）选择"文件"→"打开"或按<Ctrl+O>组合键打开一张带有"辰月"卡通人物的海报素材图片，如图 9-22 所示。

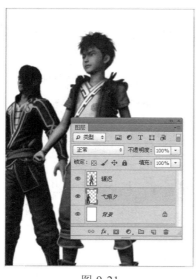

图 9-21

图 9-22

①首先选择工具箱中的"磁性套索工具"，在"辰月"人物边缘上制作选区，如

图 9-23 所示。

②按照同样的方法使用"磁性套索工具"将整个"辰月"人物全部选中，在接近"磁性套索工具"起点的时候，鼠标右下角变成了圆圈状时双击鼠标，此时形成了人物的选区，如图 9-24 所示。

③单击工具箱下面的"快速蒙版"按钮或者按<Q>键，图片中除了"辰月"人物以外，未被选择的图像部分会呈现淡红色状态。此时，可以在"快速蒙版"模式下进行编辑，配合"画笔工具"进行描绘使人物选区做得更加细致，如图 9-25 所示。

| 图 9-23 | 图 9-24 | 图 9-25 |

11）选择工具箱中的"画笔工具"或者按<B>键，如图 9-26 所示。

①将"画笔工具"的笔刷选择"柔边笔刷"，"大小"为 10px，"硬度"为 100%，"模式"为"正常"，"不透明度"为 50%，"流量"值默认为 100%，如图 9-27 所示。

| 图 9-26 | 图 9-27 |

②按<Ctrl++>组合键放大画面后，用画笔在需要显示的地方涂抹黑色，涂抹黑色的地方会显示为红色；在不需要显示的地方就涂抹白色。将选区做得更加精准和细致，制作效果如图 9-28 所示。

12）选择刚提取出来的"辰月"人物素材图片，使用"移动工具"将其拖动到"海报"文件中，并将图层名称修改为"辰月"，执行"编辑"→"自由变换"命令调整将人物"辰月"层图像大小，如图 9-29 所示。

图 9-28　　　　　　　　　　　　　　　　图 9-29

按住<Shift+Alt>组合键，将"辰月"人物图像进行等比例缩放，然后摆放在"辗迟"图像右侧，如图 9-30 所示。

13）选择"文件"→"打开"命令或按<Ctrl+O>组合键，打开一张带有"千钧"卡通人物的海报素材图片，如图 9-31 所示。

图 9-30　　　　　　　　　　　　　　　　图 9-31

14）将需要用到的人物素材图片，使用工具箱中的"磁性套索工具"，在"千钧"人物边缘制作选区，形成整个人物选区。

单击工具箱下面的"快速蒙版"按钮或者按快捷键<Q>，图片中除了"千钧"人物以外，未被选择的图像部分会呈现淡红色状态。此时，可以在"快速蒙版"模式下进行编辑，配合"画笔工具"进行描绘使人物选区做得更加细致，如图 9-32 所示。

15）选择工具箱中的"画笔工具"或者按<B>键，如图 9-33 所示。

①将"画笔工具"的笔刷选择"柔边笔刷"，"大小"为 10px，"硬度"为 100%，"模式"为"正常"，"不透明度"为 50%，"流量"值默认为 100%，如图 9-34 所示。

图 9-32   图 9-33

图 9-34

②按<Ctrl++>组合键放大画面后，利用画笔在需要显示的地方涂抹成黑色，涂抹黑色的地方会显示为红色；不需要显示的地方就涂抹白色。将选区做得更加精准和细致，制作效果如图 9-35 所示。

任务 2　调整各个图层素材

1）将"千钧"人物素材图片使用"移动"工具将其拖动到"海报"文件中，并将图层名称修改为"千钧"，选择"编辑"→"自由变换"命令调整人物"千钧"层图像大小。按<shift+Alt>组合键进行等比例缩放，调整完毕后将其摆放在"辗迟"图像的右侧，如图 9-36 所示。

将"千钧"图层拖动到"辗迟""辰月"图层的下面，如图 9-37 所示。

图 9-35

图 9-36

图 9-37

2）为了方便后面的操作，分别把"辗迟""千钧""辰月""弋痕夕" 4 个图层链接在一起，选择"图层"→"图层编组"命令或按<Ctrl+G>组合键，如图 9-38 所示。

在"图层"面板中形成了一个"组 1"，双击文件名称位置处，将该组的名称修改为"人物"，如图 9-39 所示。

图 9-38

图 9-39

任务 3　制作海报背景

1）单击"人物"图层前面的眼睛，暂时将"人物"组隐藏，按<Ctrl+O>组合键，选择一张"柱子"图片，如图 9-40 和图 9-41 所示。

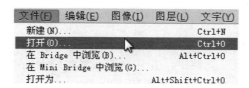

图 9-40

①使用"移动工具"将其拖动到"海报"文件中，并将图层修改为"柱子"，

如图 9-42 所示。

②按<Ctrl+C>组合键复制，按<Ctrl+V>组合键粘贴，复制出多个柱子图层，配合使用"自由变换"命令，将复制出的"柱子"根据透视的近大远小的原则进行调整，形成视觉上错落有致的感觉，如图 9-43 所示。

图 9-41

图 9-42

图 9-43

③为了避免柱子阻挡住人物图像，将"柱子"图层拖动到"人物"组下面，如图 9-44 所示。

2）选择"文件"→"打开"命令或按<Ctrl+O>组合键，打开一张风景素材，使用"移动工具"将其拖动到"海报"文件中，并且将图层名称修改为"风景"，如图 9-45 所示。

选择"编辑"→"自由变换"命令或按<Ctrl+T>组合键，按<Ctrl+Alt>组合键进行等比例缩放调整"风景"层图像大小，使之与画布相适应，并将"风景"图层拖动到所有层的下方，如图 9-46 所示。

3）将其他图层全部隐藏，只保留"风景"图层，在"风景"图层上面，按<Ctrl+Shift+N>组合键新建一个图层，并命名为"画笔"，设置前景色为黑色，使用"画笔工具"在新建的"画笔"层绘制一些纹理，将"风景"层中的树木图像进行遮挡，如图 9-47 所示。

图 9-44

图 9-45

图 9-46

图 9-47

4）选择"文件"→"打开"命令或按<Ctrl+O>组合键，打开一张具有蓝色光芒的素材图片，使用"移动工具"将其拖动到"海报"文件中，把图层名称修改为"蓝色"，并将其放置在"风景"图层上，如图 9-48 所示。

①选择"蓝色"图层，单击"图层"面板下方的"添加矢量蒙版"按钮，为其添加一个蒙版，如图 9-49 所示。

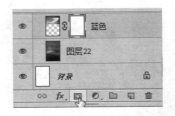

图 9-48　　　　　　　　　　　　　　　　图 9-49

②设置前景色是黑色，背景是白色，选择"渐变工具"，渐变类型选择线性渐变，如图 9-50 所示。

图 9-50

③在蒙版编辑状态下，从"蓝色"图层的左上角至右下角拖动鼠标，在画面中形成一个渐变，如图 9-51 所示。

5）选择"文件"→"打开"命令或按<Ctrl+O>组合键，打开一张人脸图片，将图层名称修改为"人脸"，并且拖动到"海报"文档中，按<Ctrl+T>组合键进行自由变换，调整"人脸"层图像大小，使之符合画布大小，如图 9-52 所示。

图 9-51　　　　　　　　　　　　　　　　图 9-52

6）选择"人脸"图层，为该层添加矢量蒙版，设置前景色是黑色，背景是白色，选择"渐变工具"，渐变类型选择线性渐变，在蒙版编辑状态下从"人脸"层上至下拖动鼠标形成一个渐变，如图 9-53 所示。

图 9-53

任务 4　调整海报整体色调

1）在图层面板中将"人脸"图层的"不透明度"设置为 100%，如图 9-54 所示。
2）输入文字 Logo，图层名称修改为"Logo"，为其添加图层样式为"外发光"，"混合模式"为"滤色"，"不透明度"为 62%，"杂色"为 0%，颜色 RGB（R：13，G：164，B：191)，"扩展"为 36%，"大小"为 27px，其他使用默认值，如图 9-55 所示。

图 9-54

图 9-55

为其添加投影效果,"混合模式"为"正片叠底","不透明度"为 75%,"角度"为 120°,"距离"为 6px,"扩展"为 34%,"大小"为 136px,其他使用默认值,如图 9-56 所示。

3)此时"海报"例子完成,按<Ctrl+S>组合键,选择一个路径保存,效果如图 9-57 所示。

图 9-56

图 9-57

 项目小结 ≪

通过本项目的学习,了解如何运用 Photoshop 软件制作《侠岚》动画宣传海报。运用"套索工具"制作选区,提取素材,用快速蒙版调整编辑区域,最后将背景和人物结合,制作出海报效果。

 实践演练 ≪

制作卡通动画宣传海报。要求:
①熟练运用所学命令完成海报的制作,主题人物与字体设计风格统一,注意构图的布局。
②作品的色调与主题相符合,以色彩合适的搭配使视觉舒适。

项目 10 制作《侠岚》宣传单页

 项目描述 《

本项目以《侠岚》中的人物与场景作为素材，制作《侠岚》宣传单页。宣传单页中的人物表情严肃，体现了人物用正义战胜邪恶的坚定内心世界。同时，将人物、场景和文字搭配在一起，使整个宣传单页画面丰富，色彩冷暖对比强烈，富有冲击力效果。效果如图 10-1 所示。

图 10-1

 项目分析 《

本项目制作需要了解以下几方面技术要点：

1）对图片进行抠图处理。使用左侧工具栏中"钢笔工具"，对图像进行抠图处理。

2）宣传单页的合成处理。按<Ctrl+T>组合键，调整图像大小，将人物与"《侠岚》Logo"合成。

3）宣传单页背景的合成。按<Ctrl+U>组合键调整色相/饱和度，将背景调整后与前景合成。

本项目的制作分为以下 3 个任务来逐步完成。

任务 1	对图片进行抠图处理
任务 2	宣传单页的合成处理
任务 3	宣传单页背景的合成

项目教学及实施建议：32 学时。

1）"自由变换工具"：在 Photoshop 主菜单中选择"编辑"→"自由变换"命令或者按键盘<Ctrl+T>组合键。

2）利用"钢笔工具"进行抠图：Photoshop 软件左侧工具栏中 或者按<P>键。

3）"魔棒工具"制作选区：Photoshop 软件左侧工具栏中 。

4）色彩调节功能的应用：在 Photoshop 主菜单中选择"图像"→"调整"命令或者按键盘<Ctrl+U>组合键。

5）图层样式的应用：图层面板最下方 。

6）图层蒙版：图层面板最下方 。

项目实施 ≪

任务 1 对图片进行抠图处理

1）双击桌面 Photoshop CS6 图标，启动程序，如图 10-2 所示。

图 10-2

2）按<Ctrl+N>组合键建立新的文件，弹出新建文件对话框，设置名称为"海报"，"宽度"为 1280px，"高度"为 800px，"分辨率"设置为 300ppi，"颜色模式"为 RGB 颜色，如图 10-3 所示。

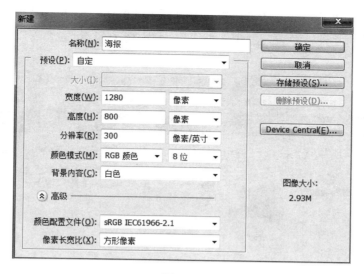

图 10-3

3）生成要制作的宣传单页文件，如图 10-4 所示。

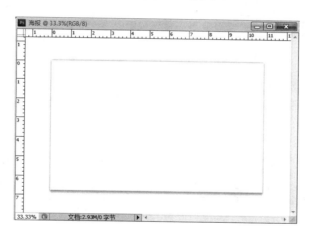

图 10-4

4）执行"打开"命令，如图 10-5 所示。

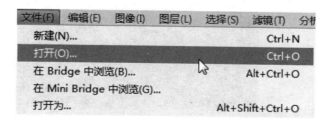

图 10-5

5）弹出"打开"对话框，在"查找范围"右边的下拉列表框中选择打开文件的路径，选中要打开的文件，单击"打开"按钮，如图 10-6 所示。

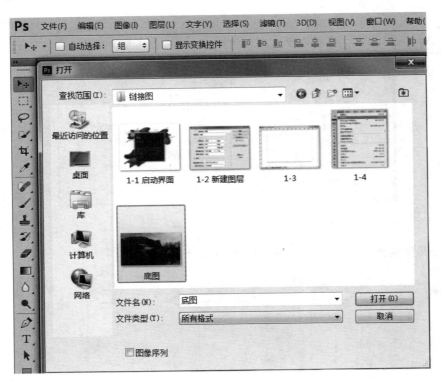

图 10-6

6）打开素材图片"底图"，并拖动到新建宣传单页中，如图 10-7 所示。

图 10-7

7）选择"编辑"→"自由变换"命令或按<Ctrl+T>组合键来调整大小，如图 10-8 所示。

图 10-8

8）将图片缩放到宣传单页画布合适的大小，如图 10-9 所示。

图 10-9

9）按<Ctrl+S>组合键保存海报，保存在"海报"文件夹下面，如图 10-10 所示。

图 10-10

10）按<Ctrl+O>组合键在"海报"文件夹下面打开素材图片"《侠岚》logo"，如图 10-11 所示。

图 10-11

11）在左侧工具栏中选择"钢笔工具"，顺着素材"《侠岚》logo"轮廓边缘开始描绘，如图 10-12 所示。

图 10-12

12）顺着素材"《侠岚》logo"外轮廓描绘完，在起始点闭合路径，如图 10-13 所示。

图 10-13

13）按<Ctrl+Enter>组合键转变路径为选区模式，会发现围绕素材"《侠岚》logo"

"实线"变为"间断闪烁"的选区线段，如图 10-14 所示。

图 10-14

14）此时，素材"《侠岚》logo"外轮廓处于"间断闪烁"的选区线段时，按<Ctrl+J>组合键复制选区为新的图层，把素材"《侠岚》logo"自身的外轮廓单独复制出一个图层。单击选择右侧的"图层"面板，此时复制的新图层出现在原有的图层上，命名为"logo"，如图 10-15 所示。

图 10-15

15）关掉旧图层左侧的"小眼睛"图标，隐藏旧图层的显示，此时背景为透明，发现新图层背景已经被抠除，至此素材"《侠岚》logo"抠图工作已经完成，如图 10-16 所示。

图 10-16

16）打开素材图片"swrwcy07"，如图 10-17 所示。

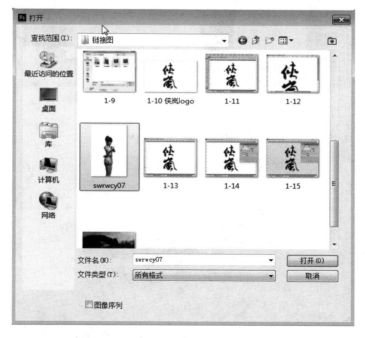

图 10-17

17）在左侧工具栏中选择"魔术棒工具"，在素材"swrwcy07"白色背景处单击，因为背景是单白色，所以可以直接抠图，如果背景色彩复杂，则可以用"钢笔工具"抠图，如图 10-18 所示。

图 10-18

18）执行"选择"→"反向"命令，如图 10-19 所示。

图 10-19

19）执行"反向"命令后，人物成为选区，如图 10-20 所示。

图 10-20

20）按<Ctrl+J>组合键，复制当前图层选区内容到新图层，得到图层 1，这时删除了人物图层的背景，如图 10-21 所示。

图 10-21

任务 2　宣传单页的合成处理

1）在工作区窗口，把宣传单页文件及素材图片平铺排放，如图 10-22 所示。

图 10-22

2）选中素材图像中复制出来的那一层，按住鼠标左键不放，拖动图层到宣传单页文件上，这样，素材图像中抠出来的那层就被拖动到宣传单页文件中了，如图 10-23 所示。

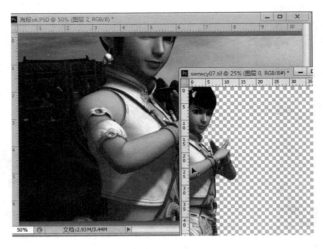

图 10-23

3）选择人物图层，按<Ctrl+T>组合键，缩放到合适的大小，如图 10-24 所示。

图 10-24

4）使用同样的方法将素材"《侠岚》logo"中复制出来的那一层，拖动到宣传单页文件上，如图 10-25 所示。

图 10-25

5）选择"《侠岚》logo"图层，按<Ctrl+T>组合键，缩放到合适的大小，如图 10-26所示。

图 10-26

6）把鼠标移动到图层 1 上，选择图层 1，更改为"人物"图层，如图 10-27 所示。

图 10-27

7）选择"《侠岚》logo"图层，更改为"logo"图层，如图 10-28 所示。

8）选择"logo"图层，按<Ctrl+U>组合键，打开"色相/饱和度"，选中面板右下角的"着色"复选框，拖动"明度"滑块到+100。单击"确定"按钮，调整 logo

为白色，如图 10-29 所示。

图 10-28

图 10-29

9）选择"logo"图层，单击"图层"面板中的"图层样式"按钮，选择"斜面和浮雕"命令，如图 10-30 所示。

图 10-30

10）斜面与浮雕参数设置如下："样式"为"内斜面"，"方法"为"雕刻清晰"，"深度"为 123%，"方向"为"上"，"大小"为 13px，"角度"为 138°，使用全局光，"高度"为 26°，"光泽等高线"为"消除锯齿"，"高光模式"为"颜色减淡"，"不透明度"为 70%。如图 10-31 所示。

11）选择"logo"图层，单击"图层"面板中的"图层样式"按钮，选择"内阴影"复选框，参数如图 10-32 所示。

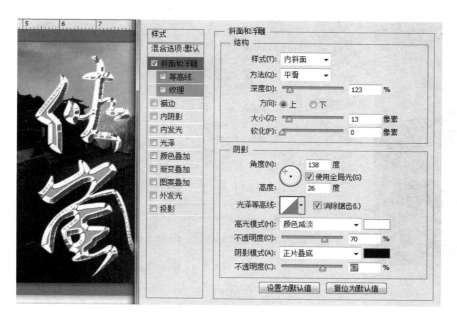

图 10-31

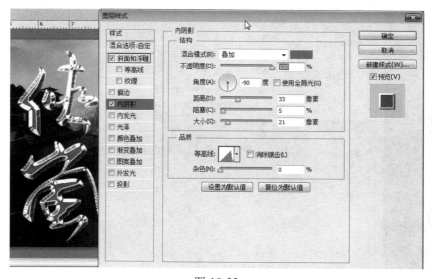

图 10-32

12）选择"logo"图层，单击"图层"面板中的"图层样式"按钮，选择"内发光"复选框，参数如图 10-33 所示。

13）选择"logo"图层，单击"图层"面板中的"图层样式"按钮，选择"光泽"复选框，参数如图 10-34 所示。

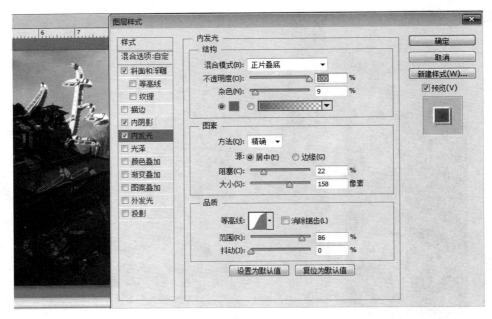

图 10-33

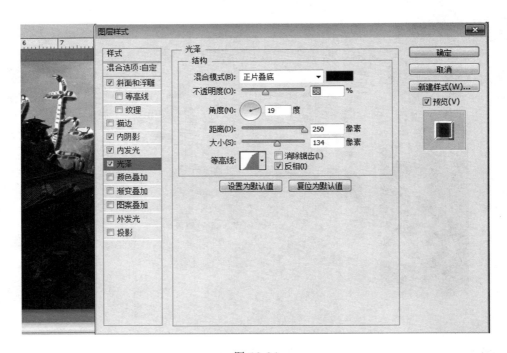

图 10-34

14）选择"logo"图层，单击"图层"面板中的"图层样式"按钮，选择"颜色叠加"复选框，参数如图 10-35 所示。

15）选择"logo"图层，单击"图层"面板中的"图层样式"按钮，选择"渐变叠加"复选框，参数如图 10-36 所示。

16）选择"logo"图层，单击"图层"面板中的"图层样式"按钮，选择"图案叠加"复选框，参数如图 10-37 所示。

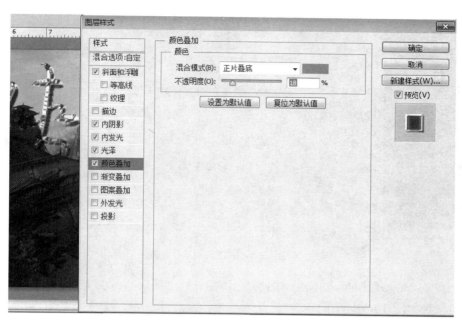

图 10-35

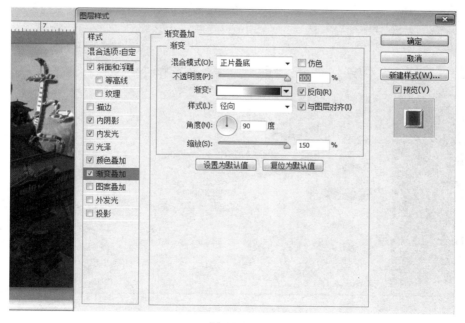

图 10-36

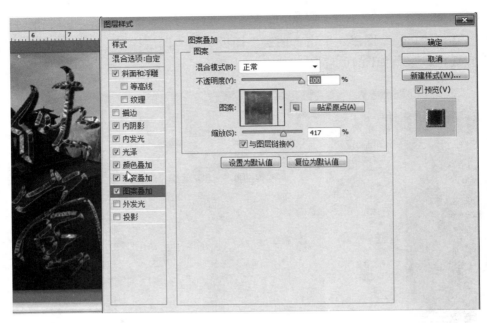

图 10-37

17）选择"logo"图层，单击"图层"面板中的"图层样式"按钮，选择"投影"复选框，参数如图 10-38 所示。

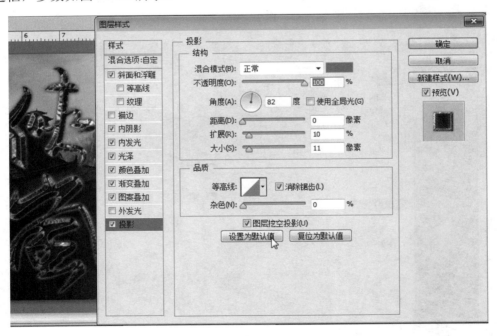

图 10-38

18）选择"logo"图层，三维金属字最终效果如图 10-39 所示。

图 10-39

任务 3　宣传单页背景的合成

1）新建图层并命名为"黑底"，填充黑色，并放在"人物"图层和"logo"图层下，如图 10-40 所示。

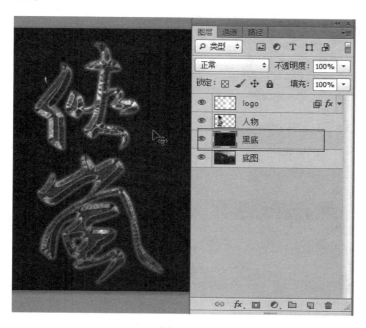

图 10-40

2）首先选择"黑底"图层，然后选择"图层"面板中第 3 个图标"蒙版工具"，如图 10-41 所示。

图 10-41

3）选择"渐变工具"，在左上角渐变编辑器里面选择"从前景色到透明渐变"，参数为默认值，如图 10-42 所示。

图 10-42

4）在"黑底"图层上，单击"黑底"链接的后面蒙版层，这样才能做蒙版，如图 10-43 所示。

图 10-43

5）选择"渐变工具"，按<Shift>键同时将鼠标水平从左到右拉动，让"logo"字体后面产生对比，设置图层"黑底"的透明度为 80%，如图 10-44 所示。

图 10-44

6）"logo"对比较弱，选择图层"logo"拖动到"图层"面板右下角的第 6 个图标"创建新的图层"上面，复制图层"logo"，如图 10-45 所示。

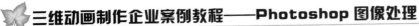

7）把复制的图层拖动到"logo"下面，更改名称为"logo 外发光"以加强《侠岚》字体的对比，如图 10-46 所示。

图 10-45　　　　　　　　　　　　　　图 10-46

8）背景图比较暗，选择图层"背景"，按<Ctrl+L>组合键打开色阶面板，调整亮度。参数设置如图 10-47 所示。

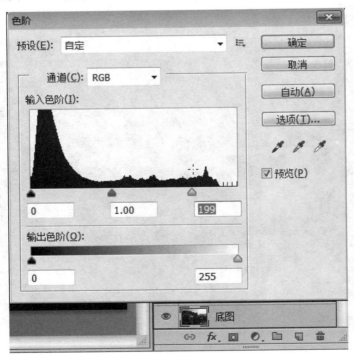

图 10-47

9）调节好"背景"图层的亮度，效果如图 10-48 所示。

图 10-48

10）在画面中加入眩光效果。新建一个图层，命名为"眩光"，用"矩形工具"在画面中拖动绘制出一个长方形，如图 10-49 所示。

图 10-49

11）设置前景色为 RGB（R：34，G：54，B：177），如图 10-50 所示。

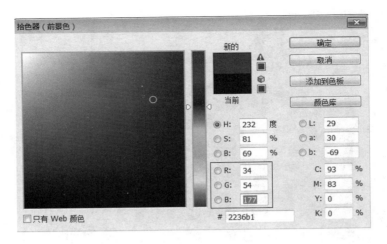

图 10-50

12）执行"选择"→"修改"→"羽化"命令，设置"羽化半径"为 50px，并按 <Alt+Delete>组合键填充前景色，如图 10-51 所示。

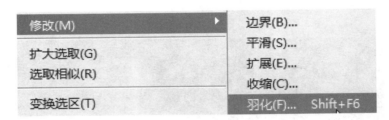

图 10-51

13）羽化并填入前景色后效果如图 10-52 所示。

图 10-52

14）按<Ctrl+T>组合键调出"变形工具"，上下压缩成蓝色条，完成后取消选区，如图 10-53 所示。

图 10-53

15）复制"眩光"图层。在"眩光副本 2"中设置图层样式为正常，选择"眩光"然后按<Ctrl+T>组合键调出"变形工具"，左右缩放，产生深浅有层次蓝色，如图 10-54 所示。

图 10-54

16）按<Ctrl+U>组合键调出"色相/饱和度"，调整"眩光"为浅蓝色，具体色值可以根据个人喜好设置，如图 10-55 所示。

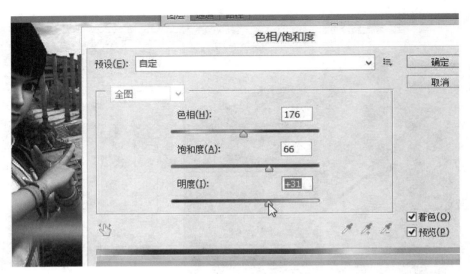

图 10-55

17）新建图层，命名"白色"，重复 10）～15）步骤，按<Ctrl+T>组合键调出"变形工具"，缩放到中间，如图 10-56 所示。

图 10-56

18）在"图层"面板中单击底部的 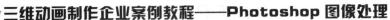 "创建新组"按钮，即可新建"组 1"图层

组，命名为"眩光"，把图层"白色副本""眩光副本 3""眩光副本 2"拖入"眩光"组中，如图 10-57 所示。

19）组效果如图 10-58 所示。

图 10-57

图 10-58

20）设置样式为"滤色"，让眩光更有层次。可以根据实际情况，对"眩光"层进行色彩处理，达到自己满意的效果，如图 10-59 所示。

图 10-59

21）新建一个图层，放在"眩光组"下面，用"矩形工具"绘制出一个长方形并填充黑色，如图 10-60 所示。

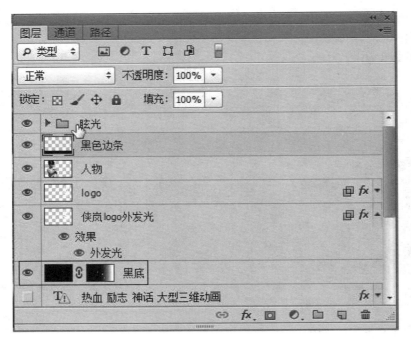

图 10-60

22）填充黑色后效果如图 10-61 所示。

图 10-61

23）打开"霓虹灯"素材图片，如图 10-62 所示。

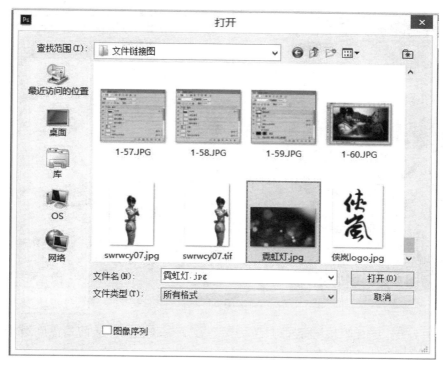

图 10-62

24）把图片拖到宣传单页文件中，并在图层中把图片命名为"霓虹灯"，如图 10-63 所示。

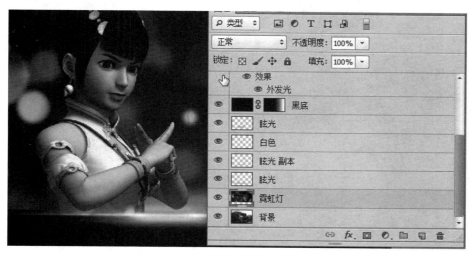

图 10-63

25）对图层"霓虹灯"作蒙版处理，在图层样式里面选第 3 个图标，如图 10-64 所示。

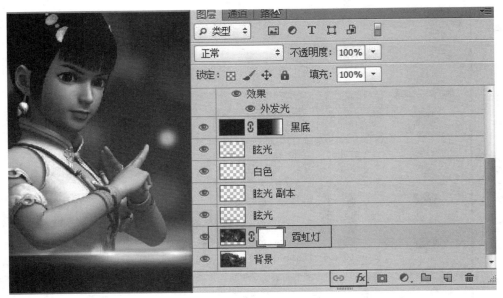

图 10-64

26）选择"渐变工具"，设置前景色为黑色，渐变模式为"从前景色到透明渐变"，从右上角向左下角拉渐变，如图 10-65 所示。

27）宣传单页最终效果如图 10-66 所示。

图 10-65

图 10-66

 项目小结 《

通过本项目的学习，了解如何运用 Photoshop 软件中的工具制作宣传单页效果。运用 Photoshop 软件中的"钢笔工具"对所需素材进行抠图处理，采用图层样式，增加图像效果，将宣传单页制作成冲击力强的效果。

 实践演练 《

制作动画片宣传单页。要求：

①熟练运用所学命令完成所选动画的角色、场景合成效果的制作。

②尝试光感效果的制作，渲染画面的整体氛围。

③注重文字特殊质感的制作，纹理处理合理，色彩搭配和谐。